湖南省主要气象灾害防御手册

湖南省气象服务中心 编

气象出版社
China Meteorological Press

内 容 简 介

本书介绍了暴雨、雷电、大风、冰雹、雪灾、高温、干旱 7 类湖南主要气象灾害和地质灾害、山洪灾害、城市内涝 3 类气象衍生灾害，结合长沙市气象灾害综合风险普查成果，从灾害认识、灾害记忆、灾害预警和灾害防御等方面全方位普及气象防灾减灾知识。希望能为普及气象防灾减灾知识、提高社会应对自然灾害能力和守护人民生命财产安全提供助力。

本书内容丰富、图文并茂，通俗易懂，可作为社会公众深入了解气象灾害、掌握气象防灾减灾知识、提高气象科学素养的科普读物。

图书在版编目（CIP）数据

湖南省主要气象灾害防御手册 / 湖南省气象服务中心编. -- 北京 : 气象出版社, 2024. 12. -- ISBN 978-7-5029-8396-3

Ⅰ. P429-62

中国国家版本馆 CIP 数据核字第 2024QY7944 号

湖南省主要气象灾害防御手册

Hunan Sheng Zhuyao Qixiang Zaihai Fangyu Shouce

湖南省气象服务中心　编

出版发行：气象出版社

地　　址：北京市海淀区中关村南大街 46 号　　**邮　　编**：100081

电　　话：010-68407112（总编室）　010-68408042（发行部）

网　　址：http://www.qxcbs.com　　**E-mail**：qxcbs@cma.gov.cn

责任编辑：胡育峰　宋　祎　　**终　　审**：张　斌

责任校对：张硕杰　　**责任技编**：赵相宁

封面设计：艺点设计

印　　刷：北京地大彩印有限公司

开　　本：710 mm×1000 mm　1/16　　**印　　张**：8.5

字　　数：146 千字

版　　次：2024 年 12 月第 1 版　　**印　　次**：2024 年 12 月第 1 次印刷

定　　价：60.00 元

《湖南省主要气象灾害防御手册》
编 委 会

主　　编　陈玉贵　郭海峰

副 主 编　邓　玲　霍　林　粟志钢　邱庆栋

编　　委　（以姓氏笔画为序）

丁　玄　邓　玲　朱丽娜　刘文君

杨　玲　何瑜昇　邹　杨　张　倩

张　蜜　陈　婷　林乐乐　唐梦雅

黄泽群　黄　嘉　曾彦彦　谭　萍

美　　编　陈慧雯　霍　林　李晓黎　朱文超

数据支持　湖南省气候中心

湖南省气象服务中心

湖南省气象灾害防御中心

湖南省气象台

长沙市气象局

前言

随着经济社会的发展，全球气候变暖加剧，极端气候事件多发频发，气象灾害及其引发的次生、衍生灾害的危害程度和造成的经济损失及社会影响也越来越大。气象防灾减灾知识普及显得越来越重要。本书针对暴雨、雷电、大风、冰雹、雪灾、高温、干旱7类湖南省主要气象灾害和地质灾害、山洪灾害、城市内涝 3 类气象衍生灾害，结合长沙市气象灾害综合风险普查成果，从灾害认识、灾害记忆、灾害预警和灾害防御等方面全方位普及气象防灾减灾知识。

本书内容丰富、图文并茂，通俗易懂，可作为社会公众深入了解气象灾害、掌握气象防灾减灾知识、提高气象科学素养的科普读物。

希望本书能够帮助读者深入了解湖南主要气象灾害及其衍生灾害，增强对气象灾害的认识，并为气象灾害防御提供参考。书中疏漏、不足之处请广大读者批评、指正。

作者

2024 年 8 月

目录

前言

第 1 章　暴雨灾害

1.1　认识暴雨灾害……………………………………………………… 3
1.2　长沙市暴雨灾害风险普查……………………………………… 5
1.3　暴雨预警及灾害防御……………………………………………… 10

第 2 章　雷电灾害

2.1　认识雷电灾害……………………………………………………… 17
2.2　长沙市雷电灾害风险普查……………………………………… 20
2.3　雷电预警及防御建议……………………………………………… 27

第 3 章　大风灾害

3.1　认识大风灾害……………………………………………………… 31
3.2　长沙市大风灾害风险普查……………………………………… 33
3.3　大风预警及防御建议……………………………………………… 40

第 4 章　冰雹灾害

4.1　认识冰雹灾害 …… 47
4.2　长沙市冰雹灾害风险普查 …… 49
4.3　冰雹预警及灾害防御 …… 55

第 5 章　雪灾

5.1　认识雪灾 …… 59
5.2　长沙市雪灾风险普查 …… 61
5.3　暴雪预警及灾害防御 …… 69

第 6 章　高温灾害

6.1　认识高温灾害 …… 75
6.2　长沙市高温灾害风险普查 …… 78
6.3　高温预警及灾害防御 …… 85

第 7 章　干旱灾害

7.1　认识干旱灾害 …… 91
7.2　长沙市干旱灾害风险普查 …… 95
7.3　干旱预警及灾害防御 …… 99

第 8 章　气象次生、衍生灾害

8.1　地质灾害 …… 103
8.2　山洪灾害 …… 110
8.3　城市内涝 …… 116

第 1 章

暴雨灾害

湖南省地处东亚季风气候区，降水过程频繁，是中国暴雨多发且致灾较为严重的省份之一。暴雨灾害是湖南省发生频率最高的气象灾害，一年四季都可发生。据统计，湖南省平均每年因暴雨洪涝造成的经济损失占国内生产总值的 5.2%。湖南省气候中心发布的《2019 年湖南气候变化监测公报》显示，1961—2019 年，湖南省暴雨日数增多、大暴雨日数显著增多，极端强降水事件增多。以长沙为例：1951—2020 年，长沙市年暴雨及以上日数整体增长了近 3 天。

1.1 认识暴雨灾害

1.1.1 暴雨的定义

暴雨是指降水强度很大的雨，常在积雨云中形成。中国气象上规定，每小时降水量 16 毫米以上或连续 12 小时降水量 30 毫米以上、24 小时降水量 50 毫米或以上的雨称为“暴雨”。

1.1.2 暴雨的等级

根据国家标准《降水量等级》(GB/T 28592—2012)，按 12 小时、24 小时降雨强度将暴雨共分为 3 个等级（表 1.1）。

表 1.1　暴雨的等级划分表

等级	12 小时降雨量 / 毫米	24 小时降雨量 / 毫米
暴雨	30.0～69.9	50.0～99.9
大暴雨	70.0～139.9	100.0～249.9
特大暴雨	≥140.0	≥250.0

1.1.3 暴雨的形成

产生暴雨的主要宏观物理条件有 3 个：充足且源源不断的水汽、强盛而持久的气流上升运动、大气层结构的不稳定（图 1.1）。

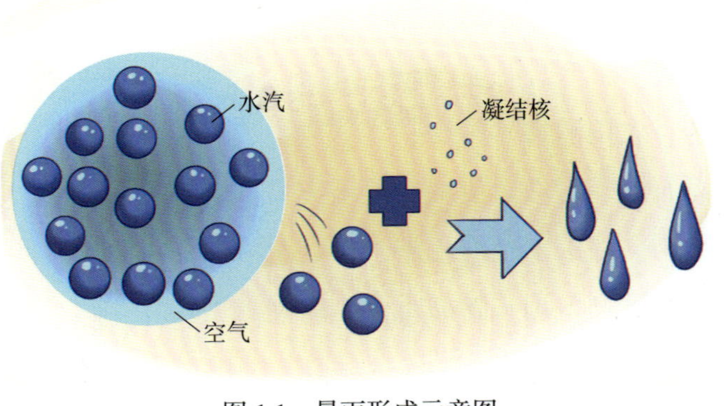

图 1.1　暴雨形成示意图

大、中、小各种尺度的天气系统和下垫面，特别是地形的有利组合，能产生较大的暴雨。

1.1.4 暴雨的危害

（1）直接危害

①淹没房屋等建筑，危害生命和财产安全。

②阻碍交通，可能导致发生交通事故。

③地下停车场、地下室进水，造成财产损失。

④淹没农田，导致作物减产、减收。

（2）次生灾害

①城市内涝、农田渍害。

②山洪及泥石流、滑坡、崩塌等地质灾害。

③持续性暴雨会导致中小河流洪水，甚至流域性洪水。

④漏电触电、食物中毒、物品霉变、蚊蝇滋生。

1.2 长沙市暴雨灾害风险普查

1.2.1　暴雨灾害统计

1978—1999 年，长沙市有记录的暴雨灾情共计 46 次。46 次灾情中出现地质灾害 21 次，山洪灾害 14 次，中小河流洪水灾害 26 次，城市内涝灾害 2 次，受灾人口 5847812 人，死亡人口 385 人，损坏及倒塌房屋 667245 间，农作物受灾面积 390326 平方千米，总体直接经济损失 1713377 万元。

2000—2020 年，长沙市有记录的暴雨灾情共计 365 次，其中地质灾害 187 次，山洪灾害 25 次，中小河流洪水灾害 15 次，城市内涝灾害 138 次，受灾人口 6407718 人，死亡人口 60 人，损坏及倒塌房屋 116907 间，农作物受灾面积 69663 平方千米，总体直接经济损失 1021002 万元（表 1.2、表 1.3）。

表 1.2　长沙市 2000—2020 年有记录的暴雨衍生灾害信息表　（单位：次）

区域	地质灾害	山洪灾害	中小河流洪水灾害	城市内涝灾害	合计
长沙市	187	25	15	138	365

表 1.3　长沙市内五区及高新区 2000—2020 年有记录的暴雨衍生灾害信息表

（单位：次）

区名	地质灾害	山洪灾害	中小河流洪水灾害	城市内涝灾害	合计
天心区	17	1	0	72	90
雨花区	17	0	3	10	30

续表

区名	地质灾害	山洪灾害	中小河流洪水灾害	城市内涝灾害	合计
芙蓉区	6	0	1	21	28
岳麓区	6	4	1	5	16
开福区	2	0	1	13	16
高新区	9	0	0	8	17

1.2.2 典型暴雨灾害事件

2013 年 6 月 26—28 日，长沙市出现暴雨过程，最强降水出现在宁乡市双凫铺，最大日降水量达 307.1 毫米。此次暴雨共造成 51.26 万人受灾，因灾死亡 2 人，紧急转移安置 3046 人，农作物受灾面积 11356 公顷，倒塌房屋 511 间，直接经济损失 10153 万元。

2016 年 7 月 2—4 日，长沙市出现了罕见的特大暴雨天气过程。全市过程平均降水量 213 毫米，最大累计降水量 481.4 毫米（浏阳大围山玉泉山庄）。此次暴雨过程共造成 39.79 万人受灾，因灾遇难 2 人，紧急转移安置 57335 人，农作物受灾面积 21026 公顷，倒塌房屋 734 间，全市直接经济损失 80064 万元。

2017 年 6 月 22 日—7 月 2 日，长沙市出现一次超历史极值的强降水过程。全市平均降水量 435 毫米，超过了 1998 年 6 月 13—22 日的 315.2 毫米。此次暴雨灾害共造成约 101.7 万人口受灾，紧急转移安置 21.7 万人，农作物受灾面积 5.76 万公顷，全市直接经济损失达 47.3 亿元。

1.2.3 暴雨日数时间变化特征

（1）年际变化

1951—2020 年，长沙市暴雨日数年际变化呈现明显增加的趋势，变化趋势为 0.48 天 /（10 年），年暴雨及以上日数整体增长了近 3 天。每年暴雨以上日数在 4 天左右，大部分年份集中在 3～5 天，1998 年出现明显的峰值，暴雨日数达 9 天（图 1.2）。

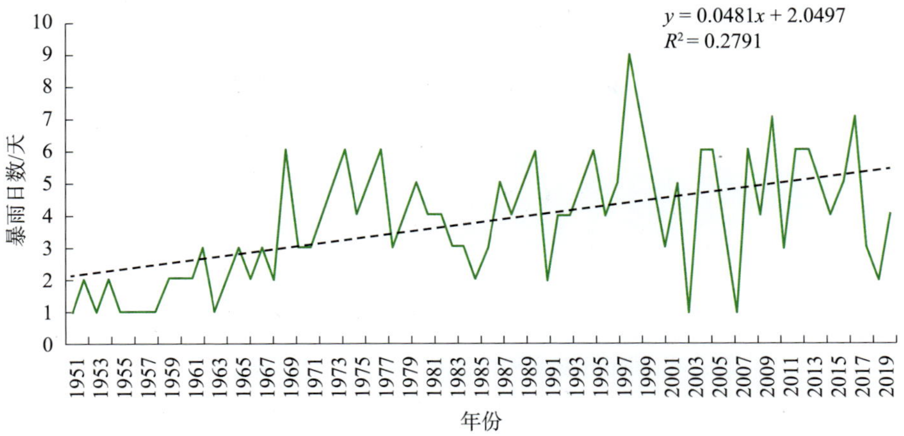

图 1.2　1951—2020 年长沙市年暴雨日数年际变化图

（2）月变化

暴雨日数的月变化表现出明显的单峰结构，6 月最大，平均暴雨日超过 1.4 天（图 1.3）。

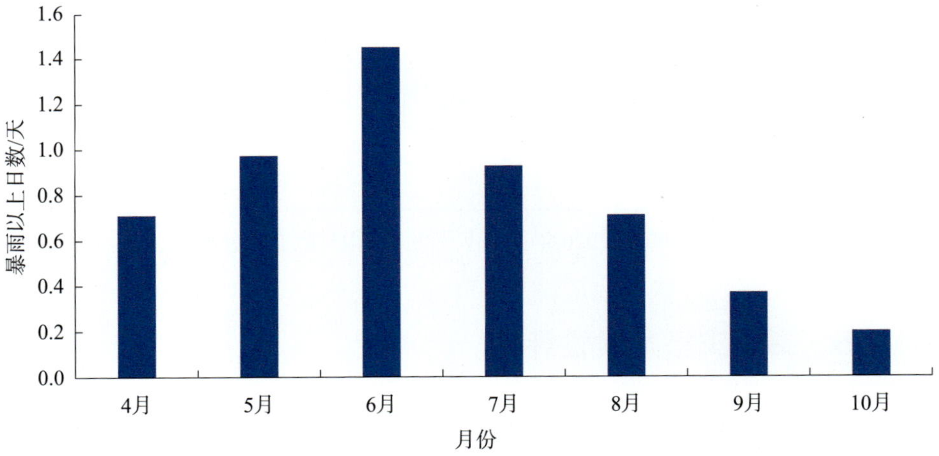

图 1.3　1951—2020 年长沙市 4—10 月各月平均暴雨以上日数情况变化图

1.2.4　暴雨日数空间分布

长沙市年平均暴雨日数的空间分布差异较大（图 1.4），长沙市东部（浏阳市）、西部（宁乡市）暴雨日数较多，每年平均在 5～6 天；中部市区（开福区、芙蓉区、岳麓区、雨花区、天心区）较少，年均暴雨日数在 3 天以下。

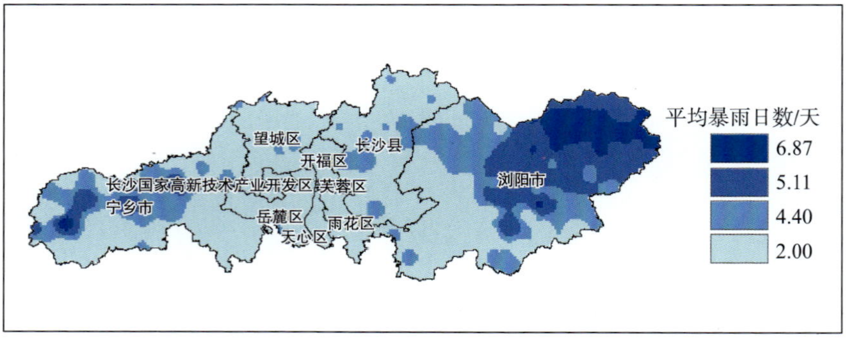

图 1.4　2000—2020 年长沙市平均暴雨日数空间分布图

2000—2020 年，长沙市东部（浏阳市）、西部（宁乡市）年平均大暴雨日数较多，全年平均在 1.3 天左右（图 1.5）。

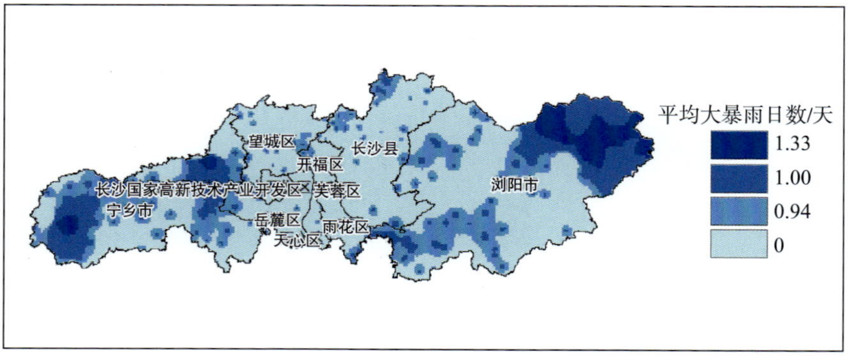

图 1.5　2000—2020 年长沙市平均大暴雨日数空间分布图

1.2.5　暴雨灾害危险性评估

1.2.5.1　致灾因子

暴雨灾害的主要致灾因子为暴雨持续时间、1 小时降水量、日降水量和过程累计雨量。

长沙市 2000—2020 年平均年雨涝指数自东向西呈减弱趋势，望城区北部、长沙县北部、浏阳市东北部、雨花区南部年雨涝指数最高，为 0.5 左右，其他地区在 0.3 附近（图 1.6）。

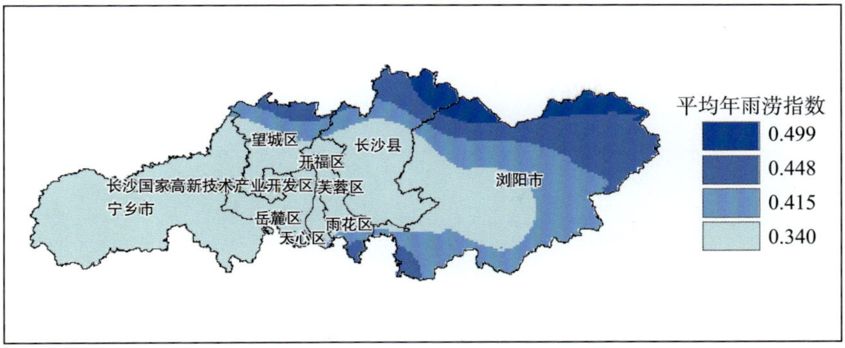

图 1.6　2000—2020 年长沙市平均年雨涝指数分布图

1.2.5.2　孕灾环境

将地形、河网水系、地质灾害易发条件进行加权，计算孕灾环境指数，得出长沙市孕灾环境综合指数分布（图 1.7）。长沙市孕灾环境综合指数大致呈插花型分布，与河流水网、地质条件和地形密切相关，河流和山脉附近孕灾环境综合指数相对较高，全市整体在 0.3～0.8。

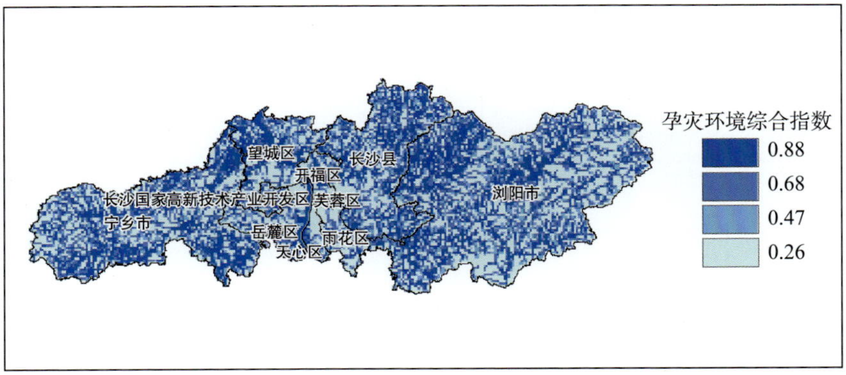

图 1.7　长沙市孕灾环境综合指数分布图

1.2.5.3　致灾危险性评估

将致灾因子、孕灾环境进行再加权进行风险指数计算，得出长沙市暴雨灾害致灾危险性评估图。由图 1.8 可知，长沙市暴雨综合危险性等级呈现东部、北部较高，西部、南部较低的特征，全市浏阳市境内的危险性等级最高，长沙县北部和望城区北部次之，整体以高和较高等级风险为主，暴雨事件在这 3 个区（县）容易造成次生灾害，带来经济损失，需加强防范。中部市区和西部宁乡市的暴雨综合危险性等级相对较低。

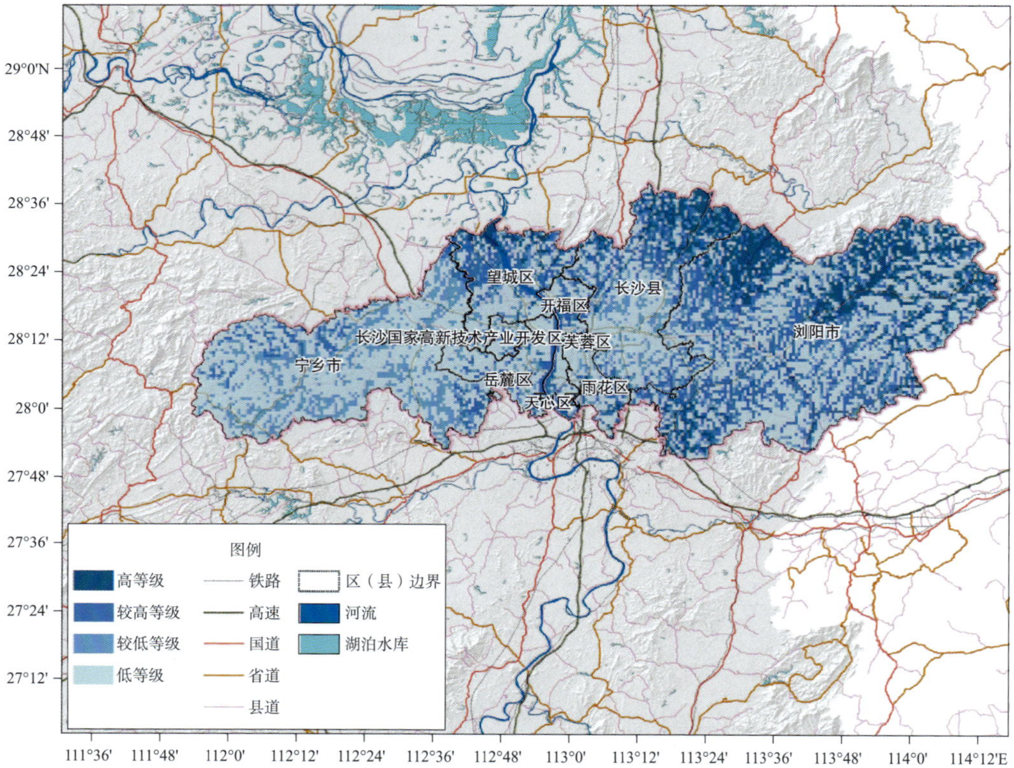

图 1.8　长沙市暴雨灾害危险性等级评估图

1.3 暴雨预警及灾害防御

1.3.1 暴雨预警知识

根据 2023 年 8 月 8 日湖南省气象局办公室印发的《湖南省递进式气象预警服务业务规定（修订）》（湘气办发〔2023〕28 号）（以下简称业务规定），湖南省暴雨预警信息分为 3 类，预警、预警信号和临灾警报。

1.3.1.1　暴雨预警

暴雨预警分四级，分别以蓝色、黄色、橙色、红色表示，由湖南省气象台制作并发布。

暴雨蓝色预警

发布标准： 未来 24 小时有 10 个及以上县（市、区）将出现≥50 毫米，其中有 1 个及以上县（市、区）将出现≥100 毫米的降雨；或者未来 24 小时有 16 个及以上县（市、区）将出现≥50 毫米的降雨。

暴雨黄色预警

发布标准： 未来 24 小时有 16 个及以上县（市、区）将出现≥50 毫米的降雨，其中有 2 个及以上县（市、区）将出现≥100 毫米的降雨。

暴雨橙色预警

发布标准： 过去24小时有16个及以上县（市、区）出现≥50毫米的降雨，其中有 2 个及以上县（市、区）出现≥100 毫米的降雨，未来 24 小时还将有 16 个及以上县（市、区）出现≥50 毫米的降雨，其中有 2 个及以上县（市、区）出现≥100 毫米的降雨；或者未来 24 小时有 8 个及以上县（市、区）将出现≥100 毫米的降雨；或者未来 24 小时有 28 个及以上县（市、区）将出现≥50 毫米的降雨。

暴雨红色预警

发布标准： 未来 24 小时有 32 个及以上县（市、区）将出现≥50 毫米的降雨，其中有 16 个及以上县（市、区）将出现≥100 毫米的降雨；或者未来 24 小时有 4 个及以上县（市、区）将出现≥200 毫米的降雨。

1.3.1.2　暴雨预警信号

暴雨预警信号分三级，分别以黄色、橙色、红色表示。由各市（州）气象台制作并发布。

暴雨黄色预警信号

发布标准：未来 6 小时内降雨量将达到 50 毫米以上。

暴雨橙色预警信号

依据下垫面承灾风险能力，将暴雨橙色预警信号分为山地丘陵区发布标准和平原洞庭湖区发布标准。

①**山地丘陵区发布标准：**未来 3 小时内降雨量将达到 60 毫米以上。

②**平原洞庭湖区发布标准：**未来 3 小时内降雨量将达到 70 毫米以上。

暴雨红色预警信号

发布标准：未来 3 小时内降雨量将达到 100 毫米。

1.3.1.3　暴雨临灾警报

暴雨临灾警报按照乡镇和城市两类发布，由各市县（区）气象局制作并发布。

乡镇暴雨临灾警报

依据下垫面承灾风险能力，将乡镇暴雨临灾警报分为山地丘陵区发布标准和平原洞庭湖区发布标准。

橙色警报

①**山地丘陵区发布标准：**1 小时、3 小时、6 小时、12 小时内降雨量分别已达 40 毫米、60 毫米、100 毫米、150 毫米以上；或未来 1 小时降雨量将达 40 毫米以上、60 毫米以下。

②**平原洞庭湖区发布标准：**1 小时、3 小时、6 小时、12 小时内降雨量分别已达 50 毫米、70 毫米、100 毫米、150 毫米以上；或未来 1 小时降雨量将达 50 毫米以上、70 毫米以下。

红色警报

①**山地丘陵区发布标准：**1 小时、3 小时、6 小时、12 小时内降雨量分别已达 60 毫米、100 毫米、150 毫米、200 毫米以上；或未来 1 小时降雨量将达 60 毫米以上。

②**平原洞庭湖区发布标准：**1 小时、3 小时、6 小时、12 小时内降雨量分别已达 70 毫米、100 毫米、150 毫米、200 毫米以上；或未来 1 小时降雨量将达 70 毫米以上。

城市暴雨临灾警报

根据城市排水防涝设施情况，将城市暴雨临灾警报分为长沙以外其他市（县）城区发布标准和长沙发布标准。

橙色警报

①**长沙以外其他市（县）城区发布标准：**1 小时降雨量将达 40 毫米以上、60 毫米以下。

②**长沙发布标准：**1 小时降雨量将达 50 毫米以上、70 毫米以下。

红色警报

①**长沙以外其他市（县）城区发布标准：**1 小时降雨量将达 60 毫米以上。

②**长沙发布标准：**1 小时降雨量将达 70 毫米以上。

1.3.2　暴雨灾害防御建议

暴雨期间尽量不要外出，注意及时通过广播、电视、手机或网络等渠道关注天气预报，掌握暴雨最新消息。

（1）防地灾防内涝

①逃生最重要，切勿贪恋财物。

②避免强行渡河，防止被水冲走。

③切勿沿沟谷向下跑，向高处躲避。

④行人走路需注意观察，防止跌入窨井、坑中。

⑤自驾不冒进，车辆落水后弃车保安全。

（2）防倒塌防霉变

①检查住房是否牢固。

②进行墙壁和地面消毒。

③衣物煮沸消毒并暴晒。

④日常用品煮沸或暴晒。

⑤不吃洪水浸泡过的食物。

（3）防触电防疫病

①远离电线、高压线，防止触电。

②积水漫进屋内，及时切断电源。

③暴雨后不要去野外游泳。

④尽量清除住所周围的污水和污物。

⑤穿长衣裤，暴露在外的皮肤涂抹防蚊液。

第 2 章 雷电灾害

雷电是大气中十分壮观的超长距离放电现象。根据全球雷电的卫星观测结果估计：全球每秒约有 46 次雷电发生，而中国每 1 分钟发生 70 余次雷电。雷电因其强大的电流、炙热的高温、强烈的电磁辐射及猛烈的冲击波等物理效应而能够在瞬间产生巨大的破坏作用，造成雷电灾害。多年雷电灾害统计表明，中国每年有上千人遭雷击伤亡。雷电灾害被联合国相关部门列为“最严重的 10 种自然灾害之一”。根据 1950 年以来的调查资料，湖南省几乎每年都有雷击现象发生，但雷击出现次数的多少及损害程度的大小每年都不相同。1973 年雷暴最频繁，出现雷击次数也最多，全省共发生雷电灾害 44 起，当年因雷击 57 人死亡、162 人受伤。

2.1 认识雷电灾害

2.1.1　雷电的定义

雷电是在雷暴天气条件下发生的、伴有闪电和雷鸣的一种雄伟壮观而又令人生畏的放电现象。雷电产生于对流发展旺盛的积雨云中，常伴有强烈的阵风和暴雨，有时还伴有冰雹或龙卷。

闪电现象：积雨云顶部一般较高，可达 20 千米，云的上部常有冰晶。云中水滴、冰晶和霰粒（俗称雪子）在重力和强烈上升气流共同作用下，不断发生碰撞摩擦而产生电荷。云的上部以正电荷为主，下部以负电荷为主。云的上、下部之间形成一个电位差。当电位差达到一定程度后，就会产生放电。

雷鸣现象：放电过程中，由于闪电通道中温度骤增，使空气体积急剧膨胀，从而产生冲击波，导致强烈的雷鸣。

2.1.2　雷电的类型

根据不同的地形及气象条件，雷电一般可分为三大类：热雷电、锋雷电和地形雷电。

（1）热雷电

热雷电是夏天经常在午后发生的一种雷电，有时会伴有暴雨或冰雹。热雷电形成很快、持续时间一般为1～2小时；雷区长度不超过300千米，宽度不超过几十千米。

（2）锋雷电

当强大的冷气流或暖气流同时侵入某处，冷暖空气接触的锋面或附近可产生锋雷电，包括冷锋雷和暖锋雷。

①**冷锋雷（或叫寒潮雷）**。冷锋雷是雷电中最强烈的一种，通常都伴随着暴雨，危害很大。它的形成是由于强大的冷气流由北向南入侵时，因冷空气较重，所以到一定高度水蒸气达到饱和，冷气流就像一个楔子插到原来较暖而潮湿的空气下面，迫使暖空气上升，热而潮的空气上升形成雷云（图2.1）。

图2.1　冷锋雷形成示意图

②**暖锋雷（或叫热潮雷）**。暖锋雷的发生一般比冷锋雷缓和，很少发生强烈的雷雨。它的形成是当暖气流移到冷空气地区，逐渐爬到冷空气上面所引起的（图2.2）。

（3）地形雷电

地形雷电一般出现于地形空旷的地区，它的规模较小，但比较频繁。

图 2.2　暖锋雷形成示意图

2.1.3　雷电的危害

在 20 世纪末联合国组织的国际减灾十年活动中，雷电灾害被列为最严重的十大自然灾害之一。美国将雷电列为排名第二的“天气杀手”。湖南省是雷电灾害频繁发生的地区之一。

雷电因其强大的电流、炙热的高温、猛烈的冲击波以及强烈的电磁辐射等物理效应，使其能在瞬时产生巨大的破坏作用，常常会造成人员伤亡，击毁建筑物、供配电系统、通信设备、民用电器，引起森林火灾，造成计算机信息系统中断，仓储、炼油厂、油田等燃烧甚至爆炸，危害人民财产和人身安全，对航空航天等运载工具威胁很大。

值得注意的是，随着人类社会生活和生产活动的日益现代化，大量电子、电器、通信设备的普及应用，雷击灾害事故呈逐年上升、损失逐年增加的趋势。

2.1.4　雷电灾害的级别

根据雷电灾害造成的人员伤亡或直接经济损失，雷电灾害一般分为特大雷电灾害、重大雷电灾害、较大雷电灾害和一般雷电灾害 4 个等级（表 2.1）。

表 2.1　雷电灾害等级划分表

雷电灾害级别	人员伤亡	直接经济损失
特大雷电灾害	4 人及以上身亡； 有 3 人身亡并有 5 人及以上受伤； 没有人员伤亡但有 10 人及以上受伤	500 万元及以上

续表

雷电灾害级别	人员伤亡	直接经济损失
重大雷电灾害	2～3 人身亡； 有 1 人身亡并有 4 人及以上受伤； 没有人员身亡但有 5～9 人受伤	100 万～500 万元
较大雷电灾害	1 人以上身亡； 没有人员身亡但有 2～4 人受伤	20 万～100 万元
一般雷电灾害	1 人受伤	20 万以下

（注：以上条件满足一项即可。）

2.2 长沙市雷电灾害风险普查

2.2.1 雷电灾害统计

1978—2020 年，长沙市有记录的雷电灾情共计 104 次，死亡人口 6 人，总体直接经济损失 4382.54 万元。按照县级行政单位分布来看，除芙蓉区、宁乡市和长沙县外均有雷电灾害记录，其中雨花区 24 次、浏阳市 20 次、望城区 16 次排名前三（表 2.2）。

表 2.2 长沙市各县（区）1978—2020 年有记录的雷电灾害信息表

序号	县（区）名称	雷电灾害次数 / 次
1	芙蓉区	0
2	浏阳市	20
3	宁乡市	0
4	高新区	2
5	岳麓区	12
6	雨花区	24
7	开福区	15
8	望城区	16
9	天心区	15
10	长沙县	0
合计		104

2.2.2 典型雷电灾害事件

2005 年 9 月 14 日 14 时，湖南第一师范学院东方红校区篮球场东南角遭受雷击，造成 1 人死亡，5 人受伤。

2005 年 5 月 4 日，开福区出现强对流天气，产生强雷暴，造成 2 人死亡。

2005 年 5 月 4 日 21 时，天心区书院路大椿桥发生雷击，造成 1 人在清理冰柜时死亡。

2005 年 8 月 5 日，浏阳市银波鞭炮厂结鞭车间遭雷击，造成 1 人死亡，10 多万响成品鞭炮爆炸，直接经济损失 8 万元以上。

2005 年 9 月 14 日，浏阳市七宝山烟花鞭炮厂遭球形雷袭击，引起车间内半成品爆炸，4 个车间被夷为平地，直接经济损失 40 万元以上。

2006 年 6 月 24 日，浏阳市大渡河军工硝制造有限公司遭受雷击，4 个生产车间、1 个半成品仓库被夷为平地，雷击爆炸还造成山体崩塌，距离爆炸区范围 1 千米内的居民房屋不同程度受损，直接经济损失 20 万元以上。

2007 年 6 月 25 日，浏阳市金刚镇金良鞭炮烟花厂遭受球形雷袭击，结鞭车间、封装车间成品全部被炸毁；金刚镇易马出口烟花厂两引线库遭雷击，库内 2000 万根引线全部被炸毁，直接经济损失 29 万元左右。

2008 年 9 月 23 日，天心区省劳动保障厅机房遭受雷击，相关设备损失达 40 万元。

2015 年 2 月 15 日，浏阳市遭雷击使成品仓库爆炸，直接经济损失 32 万元。

2.2.3 雷电特征分析

2.2.3.1 雷暴时间分布特征

雷暴日数可以反映某一地区雷暴活动的频繁程度，气象上定义为一天中只要听到一次或一次以上的雷声就算作一个雷暴日。

1978—2012 年，长沙市雷暴日数共 1545 天，主要集中在 3—8 月，占全年总数的 86.4%，最高值出现在 8 月，为 8.2 天（图 2.3）。年雷暴日最高为 59 天（1983 年），最低为 27 天（2011 年）（图 2.4）。

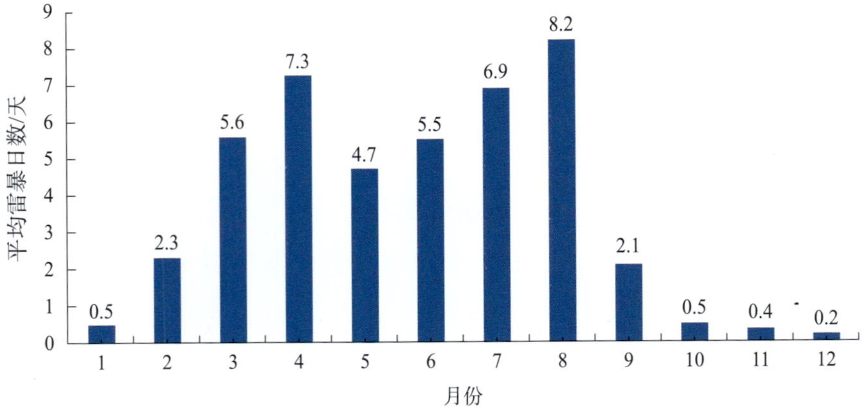

图 2.3　1978—2012 年长沙市年平均雷暴日数月分布图

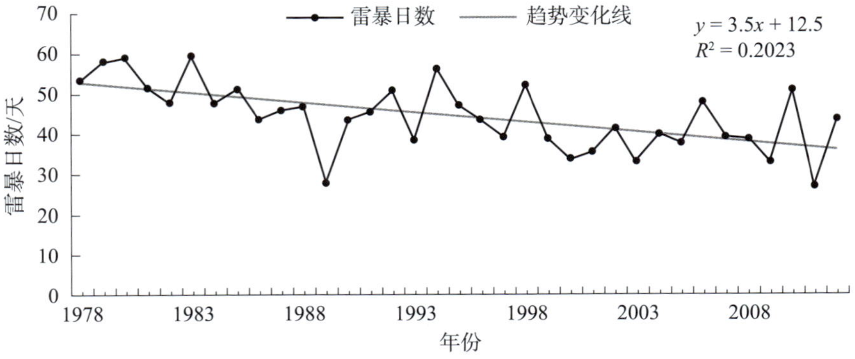

图 2.4　1978—2012 年长沙市逐年雷暴日数年分布图

2.2.3.2　闪电时间分布特征

2008 年初，湖南省气象局在长沙、益阳、岳阳、常德、张家界、怀化、邵阳、永州、郴州、衡阳布点建设了 ADTD（活动目录拓扑图）-1 型闪电定位系统，主要用于探测云地闪电。云地闪电简称地闪，是与人类社会的关系最密切、对人类与社会危害最大的闪电。

（1）逐年分布

统计 2010—2019 年长沙市的闪电数据，闪电频次表现为一高一低交替出现，其中 2014 年地闪次数最多，为 41503 次，2017 年最少，为 12226 次（图 2.5）。闪电年数据总次数为 196696 次。

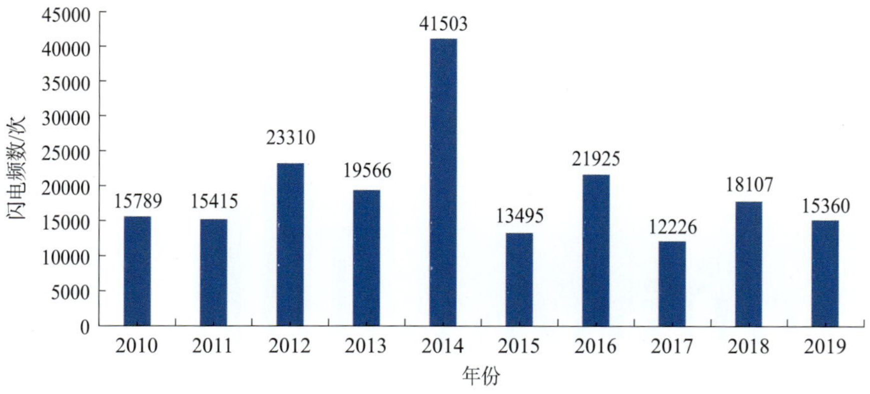

图2.5　2010—2019年长沙市闪电数据年分布图

（2）逐月分布

从2010—2019年长沙市闪电数据的月分布图（图2.6）可以看到，闪电活动主要集中在3—8月，占10年总闪电数的92.0%，其中7月最多，为49655次。

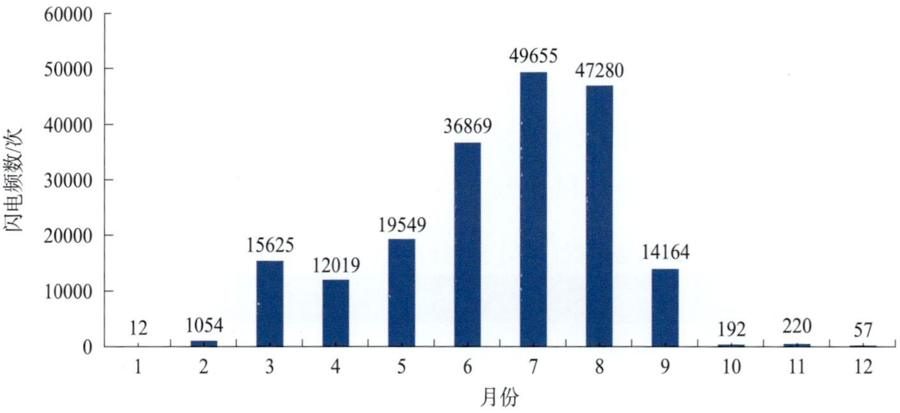

图2.6　2010—2019年长沙市闪电数据月分布图

（3）逐时分布

由2010—2019年长沙市闪电数据的日分布图（图2.7）可以看到，闪电活动主要集中在午后至傍晚，呈单峰型分布，从14时开始，闪电数量迅速增多，16时达到峰值后开始下降，14—20时闪电数占全天闪电总数的76.7%。

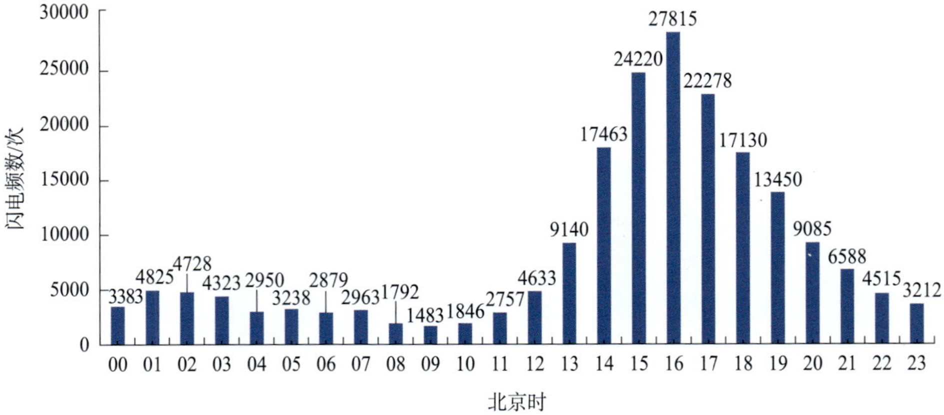

图 2.7　2010—2019 年长沙市闪电数据日分布图

2.2.4　雷电灾害危险性评估

2.2.4.1　致灾因子

将地闪强度、电流强度进行加权，计算致灾因子指数，结果见表 2.3 和图 2.8。长沙市致灾因子指数风险高等级占比前三的分别为浏阳市（41.66%）、宁乡市（24.34%）、长沙县（15.18%）；较高占比前三的同样是浏阳市（41.81%）、宁乡市（24.21%）、长沙县（14.69%）。

表 2.3　长沙市各县（区、市）致灾因子指数风险等级所占比例统计表　%

县（区、市）名称	高等级	较高等级	较低等级	低等级
芙蓉区	0.50	0.38	0.35	0.34
天心区	1.38	1.18	1.08	1.17
岳麓区	4.27	5.52	4.61	4.30
开福区	1.76	1.47	1.62	1.57
雨花区	2.26	2.40	2.54	2.43
望城区	7.65	7.41	8.20	8.16
长沙县	15.18	14.69	14.75	14.64
高新区	1.00	0.93	0.92	0.99
浏阳市	41.66	41.81	41.34	42.05
宁乡市	24.34	24.21	24.58	24.35

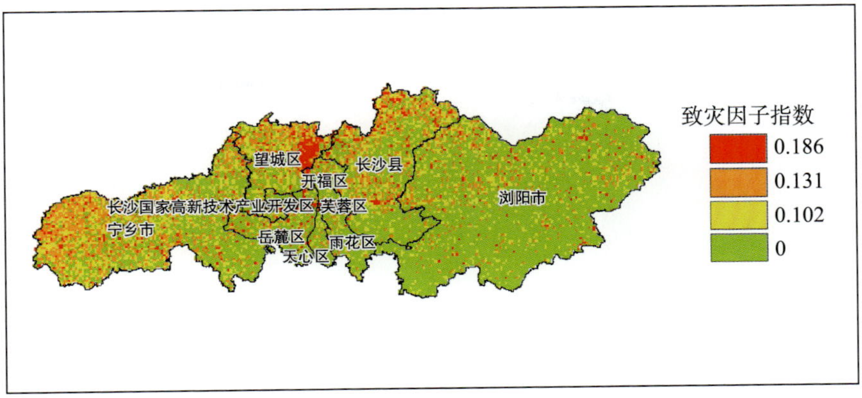

图 2.8　1978—2020 年长沙市致灾因子指数空间分布图

2.2.4.2　孕灾环境

将土壤电导率、海拔高度、地形起伏进行加权，计算孕灾环境指数，得出长沙市的孕灾环境综合图，见表 2.4 和图 2.9。长沙市孕灾环境风险高等级中浏阳市（43.00%）、宁乡市（24.30%）、长沙县（13.87%）为前三个风险等级高的乡镇；较高等级依次为浏阳市（41.75%）、宁乡市（24.53%）、长沙县（14.64%）。

表 2.4　长沙市各县（区、市）孕灾环境风险等级所占比例统计表　　%

县（区、市）名称	高等级	较高等级	较低等级	低等级
芙蓉区	0.50	0.38	0.38	0.33
天心区	0.89	1.18	1.24	1.16
岳麓区	4.33	4.44	4.21	4.70
开福区	1.53	1.65	1.69	1.52
雨花区	2.80	2.33	2.39	2.45
望城区	7.76	8.08	7.65	8.17
长沙县	13.87	14.64	14.81	14.74
高新区	1.02	1.02	0.96	0.96
浏阳市	43.00	41.75	42.02	41.72
宁乡市	24.30	24.53	24.66	24.25

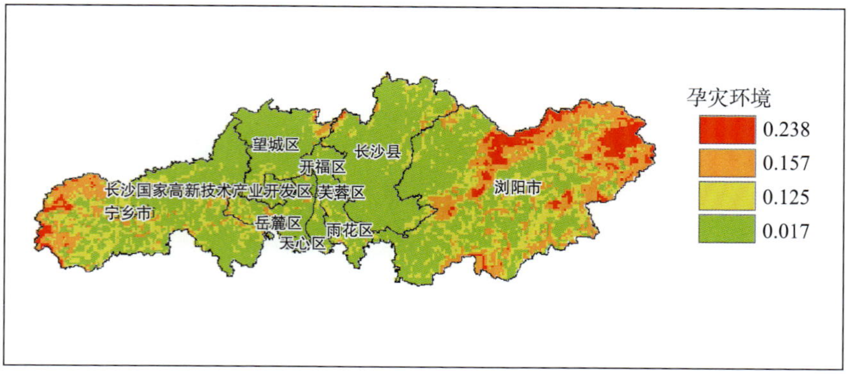

图 2.9　长沙市孕灾环境分布图

2.2.4.3　危险性评估

将致灾因子、孕灾环境进行再加权进行风险指数计算，得出长沙市雷电灾害致灾风险等级占比情况（表 2.5）和致灾危险性评估图（图 2.10）。长沙市雷电灾害致灾危险性等级高等级乡镇主要为浏阳市（38.00%）、宁乡市（30.95%）、望城区（10.35%）；较高等级乡镇分别是浏阳市（30.44%）、宁乡市（25.14%）、长沙县（18.25%）、望城区（11.51%）。

表 2.5　长沙市各县（区、市）致灾性风险等级所占比例统计表　　%

县（区、市）名称	高等级	较高等级	较低等级	低等级
芙蓉区	0.69	0.39	0.54	0.02
天心区	1.53	1.77	1.07	0.55
岳麓区	3.10	5.55	3.87	4.85
开福区	1.08	2.86	1.14	1.02
雨花区	3.40	3.17	1.52	2.21
望城区	10.35	11.51	6.47	5.36
长沙县	9.31	18.25	13.88	14.48
高新区	1.58	0.93	0.76	0.94
浏阳市	38.00	30.44	47.36	48.71
宁乡市	30.95	25.14	23.39	21.86

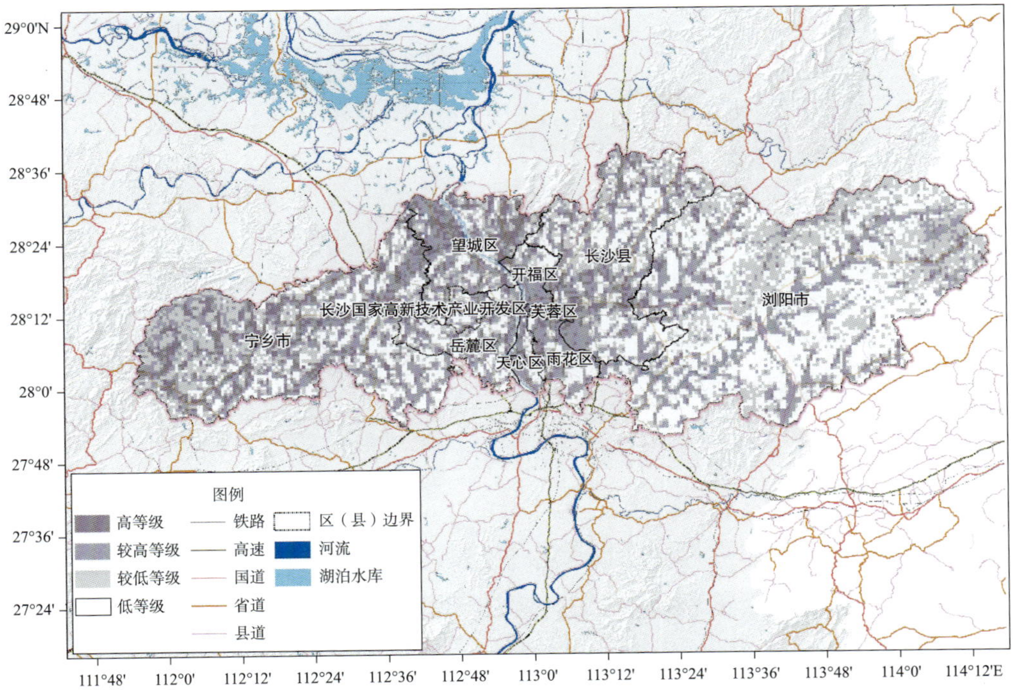

图 2.10　长沙市雷电灾害危险性评估图

2.3 雷电预警及防御建议

2.3.1　雷电预警知识

根据业务规定，湖南省的雷电预警信号不分级别。

发布标准：当 6 小时内发生雷电活动的可能性大，或者已经有雷电活动发生，且可能持续，可能出现雷电灾害事故。

2.3.2　雷电灾害防御建议

怎样能避免被雷击中？躲避雷电要做到“三远二不”——远离金属物质、远离大量水源、远离电磁场，不攀高、不暴露。

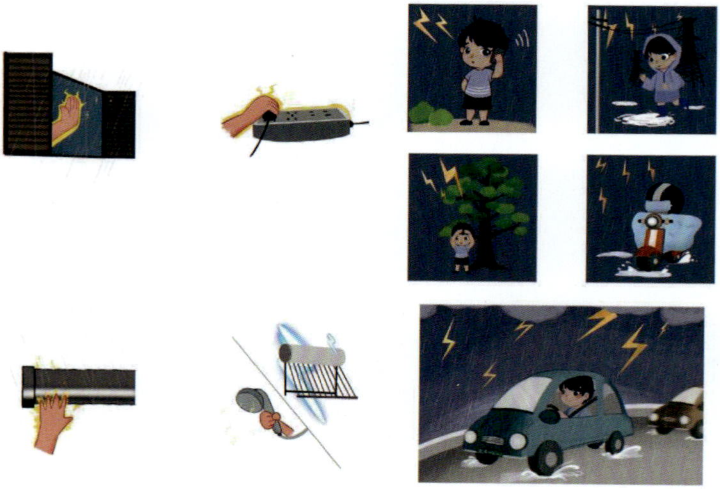

（1）室内防雷

①不要开窗户，不要把头或手伸出窗外。

②关闭家用电器，拔掉电源插头，防止雷电从电源线入侵，造成火灾或触电。

③不要触摸或靠近金属水管、煤气管道等金属管道。

④不要使用太阳能热水器洗澡。

（2）户外避雷

①要尽量到干燥的地方避雨，不要进入小棚房、小草棚和大树下。

②要远离高烟囱、铁塔、电线杆等易遭受雷击的高大物体和有大量水聚集的地方。

③不要打金属骨架雨伞，不要骑摩托车或自行车，不要拿着金属物品在雷雨中停留。

④不要接听和拨打电话。

⑤驾车时，要待在车厢内，不将车辆停在树下、墙边、变压器附近和低洼地带，涉水通行时要保证积水不会淹没半边轮胎。

掌握雷电是需要导体的这一原则，主动远离一切可能传导雷电的介质，你就已经掌握了主动权。

第 3 章

大风灾害

大风是湖南省常见的灾害性天气之一，各地一年四季均有发生。台风、冷空气影响和强对流天气发生时均可出现大风，其中以雷雨大风出现较多、龙卷的破坏力最大、冷锋后偏北大风影响范围最广。大风出现的时间虽然短促，但危害很大。大风可掀翻船只、拔起大树、吹落果实、折断电杆、毁坏房屋和车辆，还会助长火灾等，严重时还会造成巨大的生命财产损失。湖南省各地均有遭大风袭击成灾的情况。洞庭湖区，尤其是岳阳，几乎年年都有风灾发生，是湖南省风灾损失最重的区域，株洲、衡阳、娄底、长沙等地区为风灾次多区。

3.1 认识大风灾害

3.1.1 大风的定义

大风是湖南省常见的灾害性天气，中国气象局《地面气象观测规范》中将瞬时风速≥17.2 米 / 秒，即风力达到 8 级及以上的风称为大风。而在业务中则规定平均风速≥6 级（10.8 米 / 秒）时为大风。

3.1.2 风力等级划分

气象服务中，常用风力等级来表示风力的大小。风力是指风吹到物体上所表现出的力量大小。根据 2012 年 6 月发布的国家标准《风力等级》（GB/T 28591—2012），依据标准气象观测场 10 米高度处的风速大小，将风力划分为 18 个等级（表 3.1）。

表 3.1　风力等级划分表

风级	名称	风速 /（米 / 秒）	陆地地面物象
0	无风	0.0～0.2	烟直上
1	软风	0.3～1.5	烟示风向
2	轻风	1.6～3.3	感觉有风
3	微风	3.4～5.4	旌旗展开
4	和风	5.5～7.9	吹起尘土
5	劲风	8.0～10.7	小树摇摆
6	强风	10.8～13.8	电线有声
7	疾风	13.9～17.1	步行困难
8	大风	17.2～20.7	折毁树木
9	烈风	20.8～24.4	小损房屋
10	狂风	24.5～28.4	拔起树木
11	暴风	28.5～32.6	损毁重大
12	飓风	32.7～36.9	摧毁极大
13	——	37.0～41.4	——

续表

风级	名称	风速 /（米 / 秒）	陆地地面物象
14	——	41.5～46.1	——
15	——	46.2～50.9	——
16	——	51.0～56.0	——
17	——	56.1～61.2	——

（注：本表所列风速是指平地上离地 10 米处的风速值。）

3.1.3 大风的危害

大风灾害四季均有，频率高、范围广，虽然出现的时间很短，却往往对人民生命财产和农业、畜牧业、交通、电力、通信等行业造成巨大的危害。

农业：大风对农作物的危害包括机械性损伤和生理损害两方面。机械性损伤是指作物折枝损叶、落花落果、授粉不良、倒伏、断根和落粒等；生理损害是指作物水分代谢失调、加大蒸腾，植株因失水而凋萎。

畜牧业：大风使牧草因失水而干枯，其产量和质量均会下降。大风对牧草的生理损害与大风对农作物的生理损害相同。

交通：大风可颠覆车辆使之失控和停驶，水上大风影响航运、水上施工和捕捞等作业。

环境：大风可刮起地面沙尘，使空气质量恶化，大风会加剧其他自然灾害（干旱、雷雨、冰雹、森林火灾、盐渍化、荒漠化等）的危害程度。

人民生命财产安全和其他各行业：大风会吹倒不牢固的建筑物、高空作业的吊车、广告牌、通信电力设备、电线杆、树木等，造成财产损失和人员伤亡。

3.1.4　大风的成因

产生大风的天气系统很多，如冷锋、雷暴、飑线和气旋等。热带风暴的大风出现在涡旋的强气压梯度区内，呈逆时针旋转；冷锋大风位于锋面过境之后；雷暴和飑线的大风则发生在它们过境时，雷雨拖带的下沉气流至近地面的流出气流中。地形的狭管效应可以使风速增大，使某些地区成为大风多发区（图 3.1）。

图 3.1　风的成因示意图

湖南省的大风按照成因可分为 3 类：雷雨大风（包括飑和龙卷）、冷锋后的偏北大风、热低压大风或副热带高压边缘的偏南大风。其中以雷雨大风出现较多，龙卷的破坏力最大，冷锋后偏北大风影响范围最广。

3.2　长沙市大风灾害风险普查

3.2.1　大风灾情统计

1978—2020 年，长沙市有记录的大风灾情 124 次，其中望城区 29 次，宁乡市20次，雨花区17次排名前三，浏阳市和长沙县都是16次，并列第四（表3.2）。

表3.2 长沙市各县（区、市）1978—2020年有记录的大风灾害信息表

序号	县（区、市）名称	雷电灾害次数/次
1	芙蓉区	2
2	浏阳市	16
3	宁乡市	20
4	高新区	1
5	岳麓区	13
6	雨花区	17
7	开福区	8
8	望城区	29
9	天心区	2
10	长沙县	16
合计		124

3.2.2 典型大风灾害事件

1987年3月6日19时15—30分，长沙县遭受暴风雨、冰雹袭击，双江、观佳、金井、脱甲4个乡共有30个村256个村民小组2737户受灾，吹毁房屋12092间，打伤7人，直接损失108.5万元。

1991年5月22日，望城县的大湖、丁字、黄金、乌山乡和城关镇遭受龙卷、冰雹、暴雨袭击，17人受伤，损毁房屋6027间、倒塌房屋317间，损毁电线杆698根、树木7.5万株，经济损失达1000余万元。农作物受灾面积4666.7公顷，成灾面积2666.7公顷。

2004年5月25日，浏阳市部分乡镇突受狂风冰雹袭击，数百棵大树被连根拔倒，1000多栋房屋不同程度受损，农作物受灾严重达200公顷，三口乡共有12家企业仓库屋瓦被砸坏，损失达400多万元。此外灾害造成电力、通信、广播部分中断，交通受阻，直接经济损失达1000万元以上，2人受伤。

2006 年 4 月 4 日 17 时左右，雨花区狂风大作，造成多个乡镇不同程度受灾.受损房屋 299 栋，倒塌房屋 16 栋，倒塌围墙 600 米，受损农作物 440 亩①，损坏地膜 6600 斤②，吹倒树木 52 棵，死亡 1 人。

2008 年 4 月 8 日，浏阳市 17 个乡镇因局地大风不同程度受灾，全市受灾人口 21 万人，成灾人口 14 万人，因灾倒塌房屋 268 间，农作物受灾面积 920 公顷，成灾面积 256 公顷，直接经济损失 1100 万元。

2013 年 4 月 18 日，宁乡市的双江口镇、朱良桥乡遭受大风、冰雹天气袭击，造成 26800 人受灾，转移安置人口 820 人，倒塌房屋 400 间，早稻受灾面积 615 公顷，直接经济损失 2460 万元。

2018 年 4 月 3 日，长沙市出现大范围雷暴大风天气并伴有短时强降水。望城区受灾人口 3120 人，转移安置人口 560 人，受损房屋 679 间，直接经济损失 890 万元。宁乡市受灾人口 613 人，紧急转移安置人口 73 人，严重损坏房屋 13 间，一般损坏房屋 287 间，直接经济损失 358 万元。长沙县 7500 人受灾，严重损毁房屋 103 间，直接经济损失超过 1500 万元。

2020 年 3 月 22 日 09 时 50 分左右，宁乡市出现大风天气，受灾人口 14235 人，紧急转移安置人口 108 人，农作物受灾面积 331.67 公顷，倒塌房屋 55 间，严重损坏房屋 600 间，一般损坏房屋 6040 间，直接经济损失 2758.4 万元。

3.2.3 大风时间变化特征

3.2.3.1 大风日数时间变化

（1）年际变化

1978—2020 年，长沙市年平均大风日数为 3.31 天，年大风日数最多为 16 天（1978 年），年大风日数整体表现为显著减少趋势（图 3.2）。

① 1 亩≈666.67 平方米。

② 1 斤＝500 克。

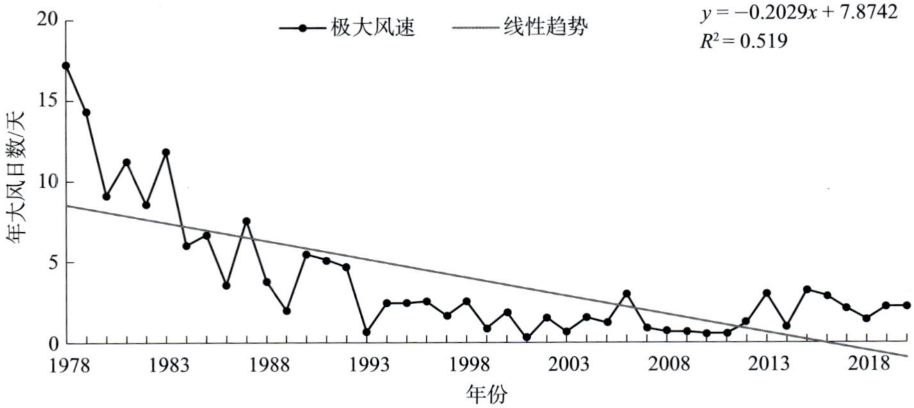

图 3.2　1978—2020 年长沙市大风日数年际变化图

长沙市重现期 5 年一遇、10 年一遇、20 年一遇、50 年一遇年大风日数分别为 6.8 天、9.5 天、12.1 天、15.5 天。

（2）月变化

长沙市一年四季各月均有大风发生，春季（3—5 月）和夏季（6—8 月）大风日数最多，其中 4 月和 5 月月平均大风日数为 0.69 天和 0.44 天（表 3.3）。

表 3.3　1978—2020 年长沙市各月平均大风日数统计表

	1 月	2 月	3 月	4 月	5 月	6 月	7 月	8 月	9 月	10 月	11 月	12 月	年平均
大风日数 / 天	0.13	0.17	0.41	0.69	0.44	0.16	0.36	0.31	0.10	0.18	0.24	0.12	3.31

（3）日变化

午后至傍晚（13—18 时）大风发生频率较高，其中 16 时发生频率最高，发生频率为 11.9%（图 3.3）。

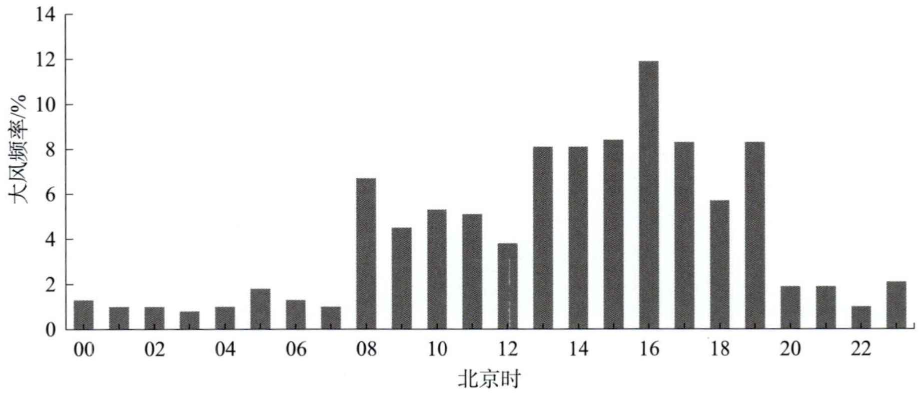

图 3.3　1978—2020 年长沙市大风发生频率日变化图

3.2.3.2　极大风速时间变化

1978—2020 年，长沙市年平均极大风速为 19.70 米 / 秒，年极大风速最大值为 28.74 米 / 秒（1980 年），年极大风速无显著变化趋势（图 3.4）。

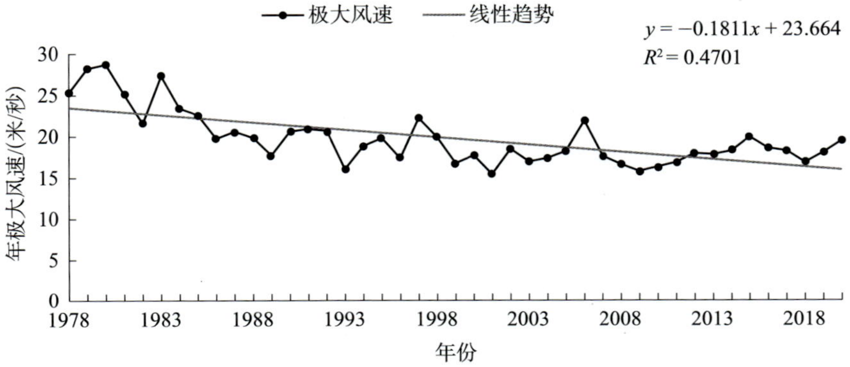

图 3.4　1978—2020 年长沙市极大风速年际变化图

长沙市重现期 5 年一遇、10 年一遇、20 年一遇、50 年一遇年极大风速分别为 23.2 米 / 秒、26 米 / 秒、28.7 米 / 秒、32.1 米 / 秒。

3.2.4　大风空间分布特征

3.2.4.1　大风日数空间分布

1978—2020 年，长沙市年平均大风日数呈西高东低的分布态势，其中宁乡市南部、浏阳市东北部部分高海拔地区年平均大风日数大于 6.3 天，宁乡市、高新区、望城区、岳麓区、长沙县、天心区、开福区等大部地区年平均大风日数大于 2.2 天，其余部分地区平均大风日数小于 2.2 天（图 3.5）。

3.2.4.2　极大风速空间分布特征

1978—2020 年，长沙市年平均极大风速呈西高东低分布态势，其中海拔较高的地区年平均极大风速相对较高，宁乡市西部、浏阳市东北部部分地区年平均极大风速大于 20.2 米 / 秒，其余大部地区年平均极大风速小于 20.2 米 / 秒（图 3.6）。

图 3.5　1978—2020 年长沙市年平均大风日数空间分布图

图 3.6　1978—2020 年长沙市年平均极大风速空间分布图

3.2.5　大风灾害危险性评估

3.2.5.1　危险性评估指数及等级划分

选择发生大风的年平均日数（频次，单位：天 / 年）和极大风速大小（强度，单位：米 / 秒）作为大风致灾因子，构建大风危险性评估指数。基于长沙市的大风危险性指数栅格数据序列，采用百分位法将大风灾害危险性划分为 4 个等级（表 3.4），得到长沙市大风灾害危险性评估空间分布图。

表 3.4　大风灾害危险性评估等级划分标准表

危险性级别	级别含义	划分原则
1	高危险性	(95%，100%]
2	较高危险性	(80%，95%]
3	中等危险性	(50%，80%]
4	低危险性	[0%，50%]

3.2.5.2　危险性评估

从长沙市大风灾害危险性评估图（图 3.7）可知，长沙市海拔较高的地区大风危险性等级较高，其中宁乡市西部及南部、浏阳市东北部等部分高海拔地区为高等级危险区。较高等级危险区主要分布在高等级危险区周边，其中宁乡市中西部、浏阳市东北部等部分地区为较高等级危险区。宁乡市东部、望城区南部、岳麓区西部、浏阳市东北部等部分地区为较低等级危险区。其余大部地区为低等级危险区。

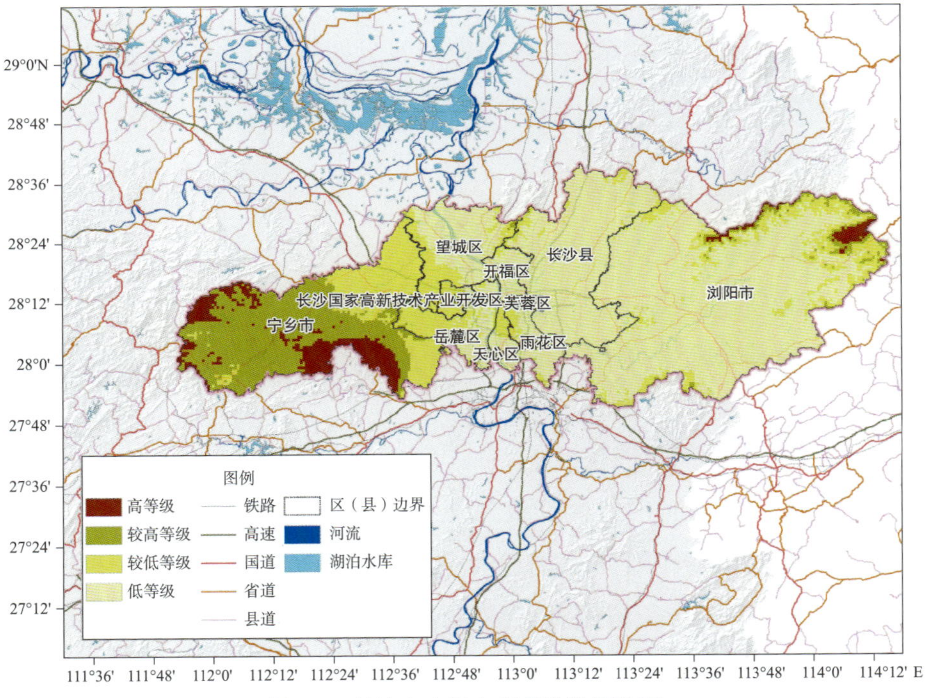

图 3.7　长沙市大风灾害危险性评估图

3.2.6　大风致灾阈值特征

基于湖南省历史大风灾害造成的损失与大风致灾因子，利用概率统计学推算极大风速致灾阈值。建筑结构最大风速致灾阈值为 22.3 米 / 秒，致人员受伤和造成直接经济损失的极大风速致灾阈值为 17.2 米 / 秒，造成农业损失的极大风速致灾阈值为 17.2 米 / 秒，其中当极大风速大于 14 米 / 秒时，易造成烟叶残破或部分折断，当极大风速大于 17 米 / 秒时，易造成烟叶折断，烟株倒伏。

3.3 大风预警及防御建议

3.3.1 大风预警知识

3.3.1.1 大风预警信号

根据业务规定，湖南省的大风预警信号分四级，分别以蓝色、黄色、橙色、红色表示。

大风蓝色预警信号

发布标准：24 小时内可能受大风影响，平均风力可达 6 级以上，或者阵风 7 级以上；或者已经受大风影响，平均风力为 6～7 级，或者阵风 7～8 级并可能持续。

大风黄色预警信号

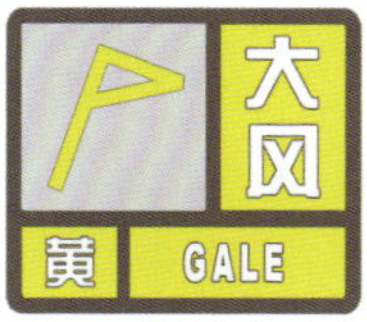

发布标准：24 小时内可能受大风影响，平均风力可达 8 级以上，或者阵风 9 级以上；或者已经受大风影响，平均风力为 8～9 级，或者阵风 9～10 级并可能持续。

大风橙色预警信号

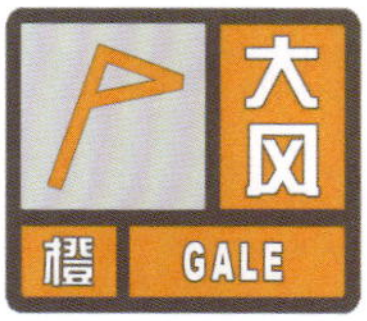

发布标准：24 小时内可能受大风影响，平均风力可达 10 级以上，或者阵风 11 级以上；或者已经受大风影响，平均风力为 10～11 级，或者阵风 11～12 级并可能持续。

大风红色预警信号

发布标准：24 小时内可能受大风影响，平均风力可达 12 级以上，或者阵风 13 级以上；或者已经受大风影响，平均风力为 12 级以上，或者阵风 13 级以上并可能持续。

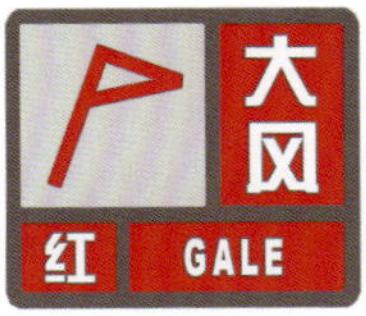

3.3.1.2　雷雨大风预警信号

雷雨大风是大风的一种，其预警信号分四级，分别以蓝色、黄色、橙色、红色表示。

雷雨大风蓝色预警信号

发布标准：2 小时内可能受雷雨大风影响，平均风力可达 6 级以上，或阵风 7 级以上并伴有雷电；或者已经受雷雨大风影响，平均风力已达到 6～7 级，或阵风 7～8 级并伴有雷电，且可能持续。

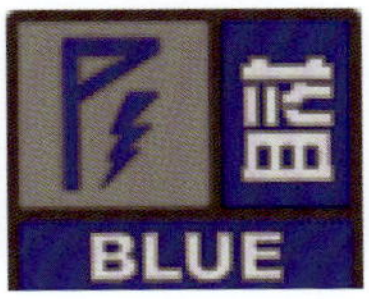

雷雨大风黄色预警信号

发布标准：2 小时内可能受雷雨大风影响，平均风力可达 8 级以上，或阵风 9 级以上并伴有强雷电；或者已经受雷雨大风影响，平均风力达 8～9 级，或阵风 9～10 级并伴有强雷电，且可能持续。

雷雨大风橙色预警信号

发布标准：2 小时内可能受雷雨大风影响，平均风力可达 10 级以上，或阵风 11 级以上并伴有强雷电；或者已经受雷雨大风影响，平均风力达 10～11 级，或阵风 11～12 级并伴有强雷电，且可能持续。

雷雨大风红色预警信号

发布标准：2 小时内可能受雷雨大风影响，平均风力可达 12 级以上并伴有强雷电；或者已经受雷雨大风影响，平均风力达 12 级以上并伴有强雷电，且可能持续。

3.3.2 大风灾害防御建议

（1）大风来临前的准备

①及时通过广播、电视、手机或网络等渠道关注天气预报，掌握大风最新消息和防风通知的报道。

②关好门窗，加固围挡、棚架、广告牌等易被风吹动的搭建物，妥善安置易受大风损坏的室外物品，遮盖建筑物资。

③如果是危旧房屋，存在完全隐患应及时撤离到安全地点。

④不要将车停在高楼、大树下方，以免玻璃、树枝等被吹落造成车体损伤。

⑤及时切断霓虹灯招牌和危险物的室外电源，以防电击人体或引起火灾。

⑥露天集体活动或室内大型集会应及时停止，并做好人员疏散工作。

⑦船舶应到避风场所避风，加固港口设施，防止船舶走锚、搁浅和碰撞；高空、水上等户外作业应停止运行。

⑧幼儿园、学校应采取暂避措施，确保学生安全。

⑨机场、高速公路等单位应当采取保障交通安全的措施。

⑩密切关注火灾隐患，以免发生火灾时火借风势，造成更大损失。

（2）大风来临避险要点

①尽量减少外出或到安全场所避风，必须外出时尽量远离大树、广告牌、高压线以及临时搭建的建筑工棚、围墙等。

②如果住在帐篷里，应立刻收起帐篷，到坚固结实的房屋中避风。

③如果正在公路、立交桥上开车，应减速慢行，条件允许的话应就近将车驶入地下停车场或隐蔽处。

④如果在水面作业（或游泳），应立刻上岸避风；船舶应听从指挥，立即到避风场所，封住船舱，若是帆船，要尽早放下船帆。

⑤如果已经在结实的房间，应小心关好门窗，在窗玻璃上用胶布贴成“米”字图形，以防窗玻璃破碎；远离窗口，避免强风席卷沙石击破玻璃伤人。

⑥在公共场所，应听从指挥向指定地点疏散。

第 4 章

冰雹灾害

冰雹简称“雹”，它是一种坚硬的球状、锥状或形状不规则的固态降水。冰雹灾害是由强对流天气系统引起的一种剧烈的气象灾害，是小尺度的灾害事件，它出现的范围虽然较小，时间也比较短促，但来势猛，强度大，并常常伴随着狂风、暴雨等其他天气过程。中国是冰雹灾害频繁发生的国家，冰雹每年都给农业、建筑、通信、电力、交通及人民生命财产安全带来巨大损失。就全国来说，湖南省为少雹地区，但各地都出现过冰雹灾害，其地理分布情况体现出湘西多于湘东、湘北多于湘南、高山多于平地的特点。

4.1 认识冰雹灾害

4.1.1　冰雹的定义

冰雹是在强烈的对流云——积雨云中形成的、直径 5 毫米以上的固态降水物，有球状、锥状和不规则形状等。冰雹的直径一般为 5～50 毫米。

4.1.2　冰雹与强对流

冰雹灾害是由强对流天气系统引起的一种剧烈的气象灾害，它出现的范围虽然小，时间也比较短促，但来势猛、强度大，并常常伴随着狂风、强降水、急剧降温等阵发性灾害性天气过程。

4.1.3　冰雹的等级

根据降雹过程中的多数冰雹（一般冰雹）直径、降雹累计时间和积雹厚度，将冰雹分为轻雹、中雹、重雹三级。

轻雹：多数冰雹直径不超过 0.5 厘米，累计降雹时间不超过 10 分钟，地面积雹厚度不超过 2 厘米。

中雹：多数冰雹直径 0.5～2.0 厘米，累计降雹时间 10～30 分钟，地面积雹厚度 2～5 厘米。

重雹：多数冰雹直径 2.0 厘米以上，累计降雹时间 30 分钟以上，地面积雹厚度 5 厘米以上。

4.1.4　冰雹的危害

冰雹是一种灾害性天气，中国各地每年都会有不同程度的雹灾。猛烈的冰雹打毁庄稼、损坏房屋，人被砸伤、牲畜被砸死的情况也常常发生；特大的冰雹甚至比柚子还大，会致人死亡、毁坏大片农田和树木、摧毁建筑物和车辆等，具有强大的杀伤力。

4.1.5　冰雹形成的条件

（1）冰雹形成的过程

冰雹诞生在发展强盛的积雨云中，这种云称为冰雹云。冰雹云由水滴、冰晶和雪花组成，一般分为三层：最下面一层温度在 0 ℃以上，由水滴组成；中间层温度为 −20～0 ℃，由过冷却水滴、冰晶和雪花组成；最里面一层温度在 −20 ℃左右，基本由冰晶和雪花组成。在冰雹云中，上升气流变化无常，时强时弱。当上升气流比较强时，它把云的下部水滴带到云的中上层，水滴便很快变冷，凝固成小冰晶。小冰晶在下降过程中，与过冷水滴碰撞后，就在小冰晶身上冻结成为一层不透明的冰核，就形成了冰雹胚胎。由于冰雹云中气流升降变化很剧烈，冰雹胚胎也就这样一次又一次地在空中上下翻滚，附着更多的过冷水滴，好像“滚雪球”似的，越“滚”越大。一旦“滚”成大的冰雹，在云中上升气流托不住时，它就一落千丈，从空中摔下来，成了通常百姓所说的“下冰雹”了（图 4.1）。

（2）冰雹形成的条件

①大气中必须有相当厚的不稳定层存在。

②积雨云必须发展到能使个别大水滴冻结的温度（一般认为温度达 −16～−12 ℃）。

③要有强的风切变。

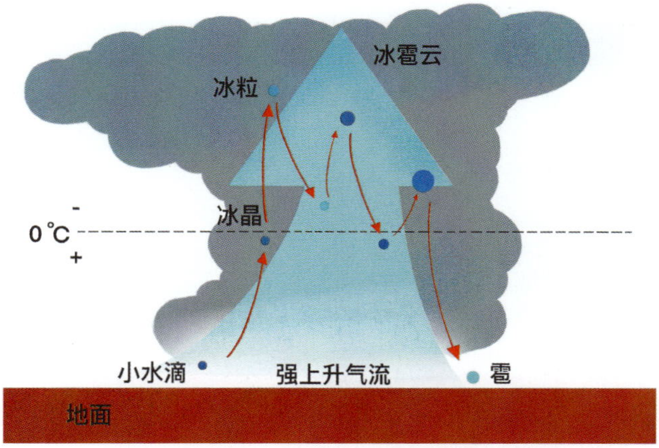

图 4.1　冰雹形成过程示意图

④云的垂直厚度不能小于 6～8 千米。

⑤积雨云内含水量丰富。一般为 3～8 克 / 立方米，在最大上升速度的上方有一个液态过冷却水的累积带。

⑥云内应有倾斜的、强烈而不均匀的上升气流，一般在 10～20 米 / 秒以上。

4.2　长沙市冰雹灾害风险普查

4.2.1　冰雹灾情统计

1951—2020 年，长沙市有记录的冰雹灾情有 55 次，按照县级行政单位分布来看，除芙蓉区、高新区外均有冰雹灾害记录，其中，浏阳市 17 次、宁乡市 10 次、长沙县 9 次排名前三（表 4.1）。

表 4.1　长沙市各县（区、市）1951—2020 年有记录的冰雹灾害信息表

序号	县（区、市）名称	雷电灾害次数 / 次
1	芙蓉区	0
2	浏阳市	17
3	宁乡市	10
4	高新区	0
5	岳麓区	8

续表

序号	县（区、市）名称	雷电灾害次数 / 次
6	雨花区	5
7	开福区	3
8	望城区	2
9	天心区	1
10	长沙县	9
合计		55

4.2.2 典型冰雹灾情统计

1973 年 8 月 8 日 17 时 00—31 分，宁乡市突然刮大风并伴有冰雹，比乒乓球略大一点。双凫区 4 个公社（双凫铺、喻家坳、湧泉山、大成桥）受灾严重，被大风吹烂、吹倒及冰雹打烂的房屋共 1573 间（其中倒塌 64 间），4 人被打伤，棉花被冰雹打光 15 亩，山里茶树籽被打掉 40%，550 亩晚稻禾叶被冰雹打死一层。

1983 年 4 月 27 日 17 时 30 分至 19 时，宁乡市遭遇大风、冰雹天气，冰雹持续时间 15～25 分钟，大部分地方下的冰雹一粒有“手指”大，花园公社出现的冰雹一般“鸡蛋”大粒。经测量，一块冰雹长 18 厘米、宽 14 厘米、厚 6 厘米，计 1.36 千克重，地面平均厚度半寸①，个别厚达两寸。37 个公社受灾，大风、冰雹共吹烂、打烂房屋 11513 间（5481 户），倒塌房屋 4374 间（31187 户），砸伤 9 人（其中 1 人重伤），耕牛砸死 3 头、砸伤 3 头；猪被砸死 11 头、砸伤 10 头，12.06 万亩农作物受损。

1992 年 4 月 21 日，长沙全市范围出现大风冰雹，大风持续 10 分钟，最大风速 21 米 / 秒，冰雹最大直径 30 厘米，损坏房屋 1700 间，倒塌房屋 25 间，损坏油菜 800 多公顷、早稻秧苗 447 公顷、蔬菜烟叶 380 公顷。

2005 年 7 月 14 日 17 时，浏阳市淳口镇局部地区突现龙卷夹着冰雹的灾害性天气，冰雹大的如“鸡蛋”，小的似“黄豆”，持续了近半个小时。受冰雹袭击，该镇农大居委会、鸭头村、南冲村等 4 个村的 46.7 公顷烤烟严重受损，大

① 1 寸 ≈ 3.33 厘米。

部分烤烟被冰雹打断了顶叶，而一些则被拦腰折断，直接经济损失达 160 多万元。

2008 年 7 月 27 日，浏阳市张坊镇田溪村突然出现狂风暴雨天气，并遭遇短时间冰雹袭击，最大的冰雹有“鹌鹑蛋”那么大，4 间烤烟房受损，其中一间烤烟房烟囱在大风中倒塌，所幸无人员伤亡。

2011 年 8 月 1 日 16 时，长沙市望城区黄金镇狂风大作，飓风和冰雹击穿了数十处民房屋顶，并“拔起”一整排活动板房，附近的一工人遇难。

2018 年 4 月 3 日 15 时左右，强对流天气自西向东发展，岳麓区、高新区、芙蓉区、开福区、天心区、望城区、宁乡市多地遭受雷暴大风、短时强降水及冰雹袭击，共造成 7500 人受灾，严重损毁房屋 103 间，直接经济损失 1061 万元。

4.2.3　冰雹日数时间变化特征

4.2.3.1　年际变化

1951—2020 年，长沙市年平均冰雹日数为 0.72 天，年冰雹日数无显著变化趋势，未通过 0.05 的显著性水平检验（$P<0.05$）（图 4.2）。

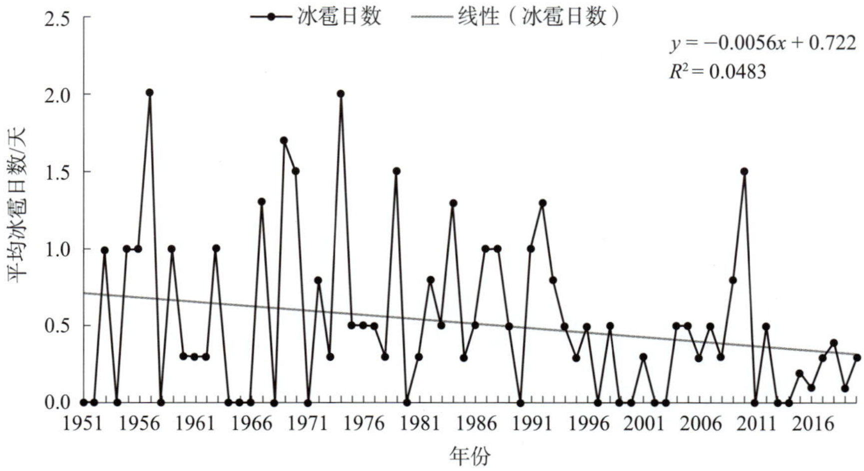

图 4.2　1951—2020 年长沙市冰雹日数年际变化图

（$P<0.05$，P 为显著性检验水平）

4.2.3.2 月变化

长沙市降雹季节性明显，大多出现在春、冬两季，其中春季发生频率占全年冰雹总数的 66.7%，冬季占 30.8%；月际分布上，一年中以 2 月和 3 月冰雹日数最多，月均冰雹日数分别为 0.20 次和 0.38 次（图 4.3）。

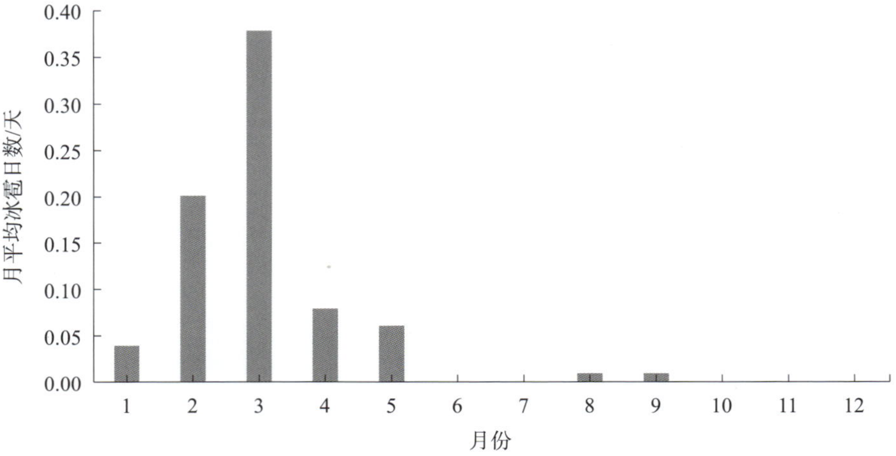

图 4.3　1951—2020 年长沙市冰雹日数月际变化图

4.2.3.3 日变化

长沙市冰雹日数日变化特征不明显，午后至夜间及凌晨降雹发生频率相对较高，其中 14 时至次日 06 时冰雹发生频率为 76.9%（图 4.4）。

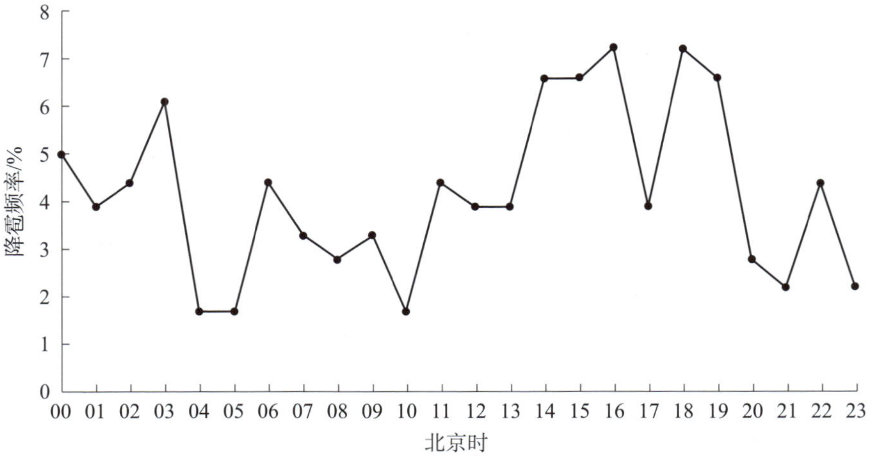

图 4.4　1951—2020 年长沙市冰雹日数日变化图

4.2.4 冰雹日数空间分布特征

由 1951—2020 年长沙市年平均冰雹日数空间分布图（图 4.5）可知，浏阳市东北部高山地区冰雹日数较多，长沙市区年平均冰雹日数大于 0.6 天，其余大部年平均冰雹日数较少。

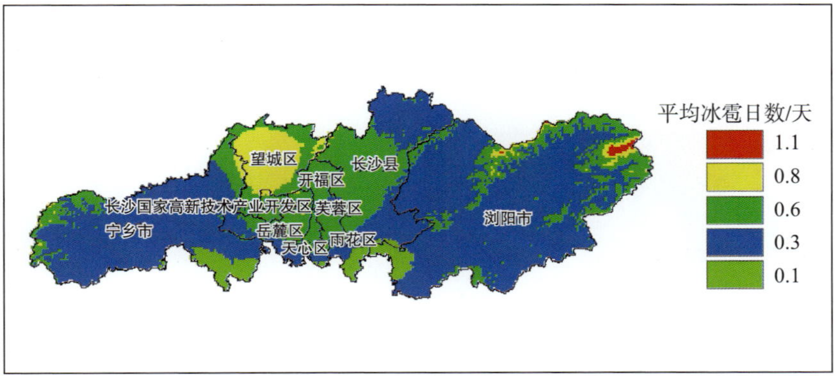

图 4.5 1951—2020 年长沙市年平均冰雹日数空间分布图

4.2.5 冰雹灾害危险性评估

4.2.5.1 危险性评估指数及等级划分

选取最大冰雹直径、降雹持续时间、雹日作为致灾因子，构建冰雹灾害危险性评估指数。基于长沙市冰雹危险性栅格数据序列，采用百分位法将冰雹灾害危险性划分为 4 个等级（表 4.2），得到长沙市冰雹灾害危险性评估空间分布图。

表 4.2 冰雹灾害危险性评估等级划分标准表

危险性级别	级别含义	划分原则
1	高危险性	（95%，100%]
2	较高危险性	（80%，95%]
3	中等危险性	（60%，80%]
4	低危险性	[0%，60%]

4.2.5.2 危险性评估

从长沙市冰雹灾害危险性评估图（图 4.6）可见，长沙市冰雹危险性大体呈“北高南低”分布态势，其中长沙市望城区、长沙县东北部、浏阳市东北部部分地区为高等级危险区；长沙市区、长沙县东北部、浏阳市北部、宁乡市西部等部分地区为较高等级危险区；长沙市区大部、长沙县中北部、浏阳市北部、宁乡市西部等部分地区为较低等级危险区；长沙市其余大部为低等级危险区。

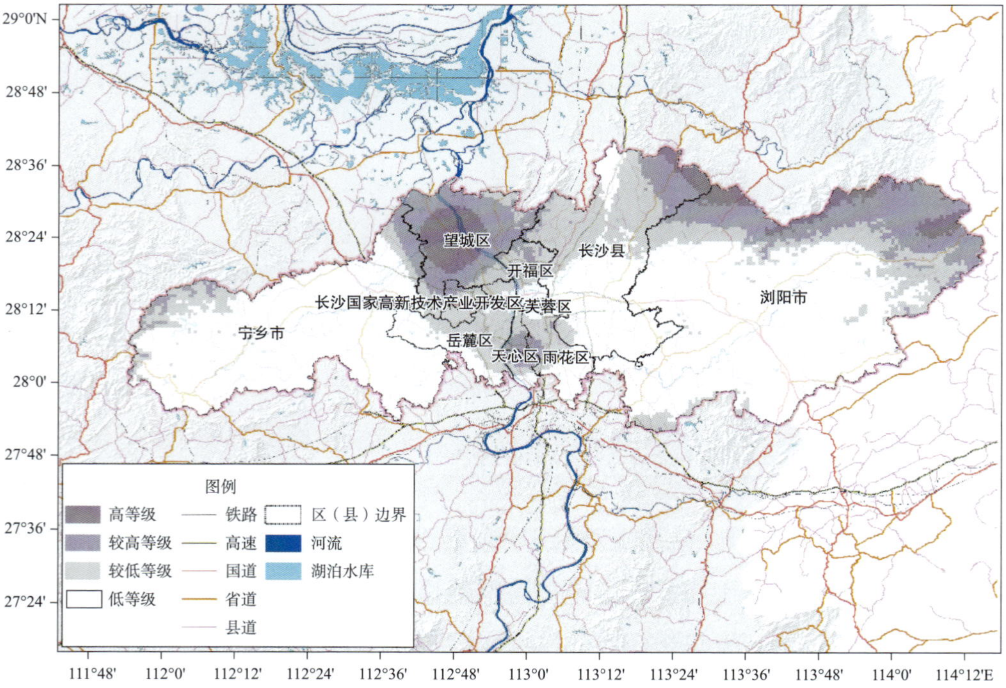

图 4.6 长沙市冰雹灾害危险性评估图

4.2.6 冰雹致灾阈值特征

基于湖南省历次冰雹过程灾情数据，依据冰雹直径的大小进行事件分级统计，利用概率统计学推算冰雹直径致灾阈值。致人员受伤的冰雹直径阈值为 1 厘米，人员致死的冰雹直径阈值为 2 厘米。造成经济损失的冰雹直径阈值为 1 厘米，造成农业损失的冰雹直径阈值为 1 厘米，其中当冰雹直径小于 0.5 厘米时，易造成烟叶和茎秆表面有麻斑；当冰雹直径大于 0.5 厘米而小于 1 厘米时，易造成烟叶残破、树枝折断；当冰雹直径大于 1 厘米时，易造成烟叶被打光、茎秆折断。

4.3 冰雹预警及灾害防御

4.3.1　冰雹预警知识

根据业务规定，湖南省的冰雹预警信号分为二级，分别以橙色、红色表示。

冰雹橙色预警信号

发布标准：2 小时内可能出现冰雹天气，并可能造成雹灾。

冰雹红色预警信号

发布标准：2 小时内出现冰雹可能性极大，并可能造成重雹灾。

4.3.2　冰雹灾害防御建议

（1）避险要点

①关好门窗，妥善安置易受冰雹影响的室外物品。

②切勿随意外出，确保老人、小孩留在家中。

③在防冰雹的同时，也要做好防雷电的准备。

（2）户外突遇冰雹避险要点

①迅速寻找遮挡物。进入室内或到坚固的遮挡物下躲避，如附近没有合适遮挡物，背风蹲下，双手抱头，全力保护头部、胸部和腹部不受到袭击。如随身携带有包、文件夹，可以临时放在头顶。

②远离易碎品。躲避时要观察四周，若有容易掉落的危险物品，应立即转移至其他地方，以免被砸到。同时，注意远离窗户等玻璃制品。

③谨防触电。躲避时远离照明线路、高压电线和变压器，以防发生触电。

第 5 章

雪　灾

雪灾是中国冬季常见的一种气象灾害，主要表现为积雪灾害。雪灾影响范围甚广，南北方皆可出现。雪灾往往因为雪压过大、气温过低造成压坏、冻坏农作物，折断树木，危及交通安全，损坏电力、通信设施等灾难，给人民的生活带来极大的影响。湖南省冬季遭遇强寒潮影响时，各地均可降雪，积雪深度一般在 10 厘米以内。湖南省的降雪包括雪、雨夹雪、冰针、米雪、冰粒等多种形式，雨雪常常伴随着冰冻（雨凇、雾凇等）天气出现。2008 年初，湖南省遭遇了新中国成立以来最严重的雨雪冰冻灾害，共造成 14 个市（州）122 个县（市、区）3000 多万人受灾。

5.1 认识雪灾

5.1.1 雪灾的种类和危害

在中国，雪灾主要类型有积雪雪灾、暴风雪、风吹雪及雪崩 4 种，以积雪雪灾最为常见。

积雪雪灾（简称雪灾）：在牧区有一个特殊的名字——白灾，是指由于积雪过厚、维持时间长，掩埋牧草，使牲畜无法正常采食的现象。长时间积雪导致农作物受损、房屋倒塌、树木折断，大量牲畜冻饿致死，积雪严重时会危及交通安全，损坏电力、通信等设施。

暴风雪：通常是在强寒潮及西南气流的共同影响下造成的，当一个地方 24 小时降雪量超过 10 毫米，风速达 18 米 / 秒或以上，气温降到 −5 ℃以下，就会形成暴风雪。暴风雪导致的低能见度可能会造成机场航班延误、高速公路封闭，强风还会使树木折断、房屋受损。

风吹雪：主要发生在中国北方，新疆维吾尔自治区、内蒙古自治区及东北地区等地都出现过。风吹雪和暴风雪发生时都有强风吹袭，但不同的是，风吹雪发生时不一定要有降雪，地面积雪被强风刮起也可形成风吹雪。此类灾害发生时，通常因能见度低导致交通中断，行人迷失方向，牧区草场被淹没。

雪崩：是指由于积雪重力不平衡，导致大规模的滑塌，引起大量雪体崩塌的现象。雪崩能摧毁大片森林，掩埋房舍、交通线路、通信设施和车辆，甚至能堵截河流，导致临时性涨水。同时，还能引发山体滑坡、山崩和泥石流等灾害。因此，雪崩被人们列为积雪山区的一种严重自然灾害。

湖南省的雪灾一般指积雪灾害，是因长时间大量降雪造成大范围积雪成灾的自然现象，和“冰冻”“霜冻”等都属于冻害的一种。

5.1.2 降雪量和积雪深度

降雪量：用一定标准的容器，将某时间段内采集到的雪融化成水后测量出的数值。

积雪深度：通过测量气象观测场上未融化的积雪得到的积雪深度。

同样的降雪量，也会因为每次降雪的含水量不同，积雪深度也不同。如果雪很干燥蓬松，1 毫米的降雪量对应的积雪深度可能会有 2 厘米的区别。

当降雪落地后无融化时，一般而言，北方地区 1 毫米降雪可形成的积雪深度有 8～10 毫米，南方地区积雪深度有 6～8 毫米。

5.1.3 降雪量的等级划分

气象上对于降雪量有严格的规定。它同降雨量一样，也有类似的等级之分。一般采用持续时间 12 小时和 24 小时两种标准。分为微量降雪（零星小雪）、小雪、小到中雪、中雪、中到大雪、大雪、大到暴雪、暴雪、大暴雪和特大暴雪 10 个等级（表 5.1）。

表 5.1 降雪量等级划分表

降雪量等级	12 小时降雪量 / 毫米	24 小时降雪量 / 毫米
微量降雪（零星小雪）	＜0.1	＜0.1
小雪	0.1～0.9	0.1～2.4

续表

降雪量等级	12 小时降雪量 / 毫米	24 小时降雪量 / 毫米
中雪	1.0～2.9	2.5～4.9
大雪	3.0～5.9	5.0～9.9
暴雪	6.0～9.9	10.0～19.9
大暴雪	10.0～14.9	20.0～29.9
特大暴雪	≥15.0	≥30.0

5.1.4　降雪形成的条件

①大气中需含有较冷的冰晶核。

②充分的水汽。0 ℃（冰点）以下，如冷空气相当强烈，并带着湿气，1～10 ℃的气温同样可以形成降雪。

能降雪的地方：气候区属中纬度至高纬度（即大约在南回归线以南 / 北回归线以北地区）的地方就可能降雪，如果在低纬度地方中有些地势高于海拔 2000 米的高山或高原也同样可能降雪。

5.2　长沙市雪灾风险普查

5.2.1　降雪过程统计

1951—2020 年，长沙市共出现 187 次降雪过程（其中 26 次过程持续时间在 5 天以上）。持续时间最长的雨雪过程出现在 2008 年 1 月 13 日—2 月 4 日，积雪日数高达 18 天，累计雨雪量达 73.8 毫米。

5.2.2　典型雨雪灾害事件

1995 年 1 月 1—2 日，望城区普降暴雪，最大积雪深度达 24 厘米，森林遭雪害，大量树干折断，楠竹爆裂，全区雪倒木达 1000 立方米，楠竹折伏数万根。县、乡公路客、汽车停驶数日。

2008 年 1 月 13 日—2 月 4 日，长沙市遭遇 50 年一遇的低温雨雪冰冻灾害天气，持续时间长达 23 天，交通、农业、林业、畜牧业、电力、通信、水利等行业都遭受了巨大损失，严重影响了人民群众的正常生活。此次灾害受灾人口达 308 万人，农作物受灾面积 18.7 万公顷，倒塌房屋 2.6 万间，造成直接经济损失 67.9 亿元。

2011 年 1 月 17—20 日，长沙遭遇 40 年来最大降雪，积雪最深达 27 厘米，长沙站累计降雪量高达 40.8 厘米，宁乡、浏阳、马坡岭降雪量均超过了 35 毫米，宁乡最大积雪深度 25 厘米，打破了 1971 年以来历史纪录（表 5.2）。持续的暴雪压垮了山区的树木竹林，损毁了通信基站的电力、传输线路。

表 5.2　2011 年 1 月 17—20 日长沙市降雪过程各站最大积雪深度历年对比表

	累计降雪量 / 毫米	最大雪深 / 厘米	历年最深 / 厘米	历年排序
长沙站	40.8	27.0	30（1982 年 12 月 6 日）	第二（1991 年 12 月 28 日并列）
宁乡站	35.8	25.0	24（1995 年 1 月 3 日）	破纪录
浏阳站	37.0	8.0	29（1991 年 12 月 28 日）	第六
马坡岭	35.1	16.0	21（1995 年 1 月 3 日）	第六

5.2.3　降雪时间变化特征

5.2.3.1　降雪日数年际变化

1951—2020 年，长沙市历年降雪日数年际变化呈显著减少趋势，变化趋势为 1.3 天 /（10 年）（图 5.1）；降雪日数在 15 天以上的年份有 17 年，其中 20 天以上（含 20 天）的年份有 8 年，降雪日数不足 3 天的年份有 2002 年、2015 年、2017 年。

5.2.3.2　降雪日数月变化

从长沙市降雪日数（1991—2020 年间 30 年平均值）逐月分布图（图 5.2）可以看出，长沙市降雪主要出现在 12 月至次年 3 月间，集中在 1 月、2 月、12 月，1 月年平均降雪日数最多，为 4.2 天，2 月次之（2.4 天），12 月第三（1.5 天），年平均降雪日数为 8.6 天。

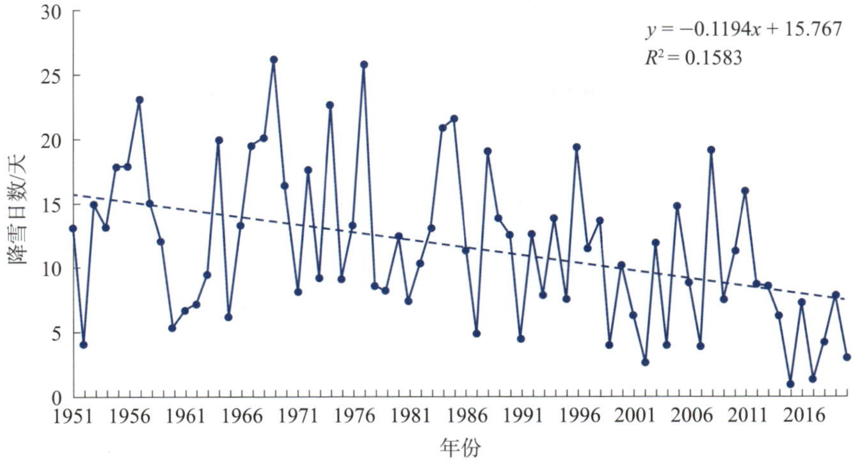

图 5.1 1951—2020 年长沙市历年降雪日数年际变化图

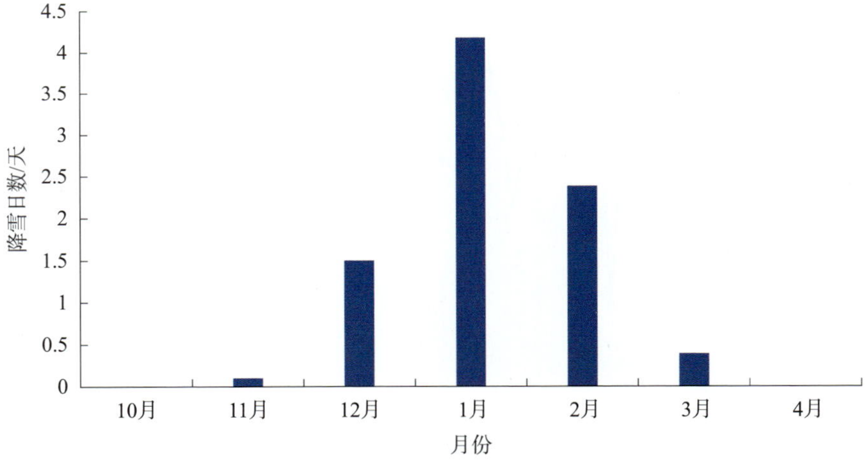

图 5.2 长沙市 1991—2020 年平均值降雪日数逐月分布图

5.2.3.3 积雪初日、终日年变化

由长沙市历年积雪初日变化图（图 5.3）可以看出，长沙市积雪初日呈显著推迟趋势，每 10 年推迟 2.4 天；积雪初日最早出现在 12 月 2 日（1964 年），最晚出现在 2 月 20 日（1987 年），平均出现在 1 月 8 日。

由长沙市历年积雪终日变化图（图 5.4）可以看出，长沙市积雪终日呈显著提前趋势，每 10 年提前 2.1 天；积雪终日最早出现在 12 月 2 日（1964 年），最晚出现在 3 月 23 日（1977 年），平均出现在 2 月 2 日。

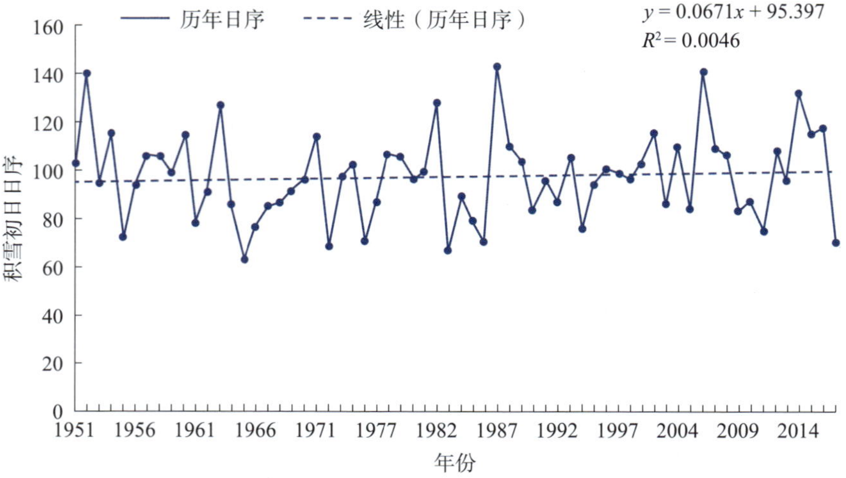

图 5.3　1951—2020 年长沙市历年积雪初日变化图

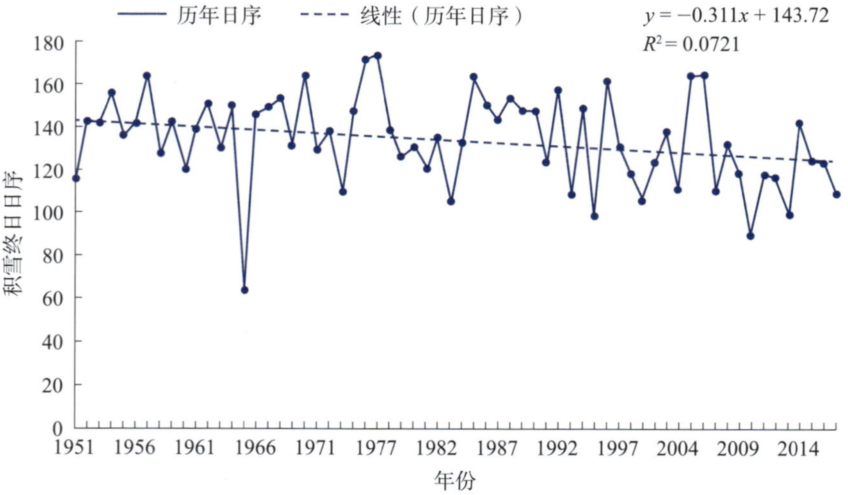

图 5.4　1951—2020 年长沙市历年积雪终日变化图

5.2.3.4　最长积雪持续时间年变化

由长沙市历年积雪最长持续时间变化图（图 5.5）可以看出，1991—2020 年，长沙市积雪最长持续时间变化趋势不明显；9 年最长积雪持续时间在 10 天（含 10 天）以上，分别为 1964 年、1969 年、1972 年、1974 年、1977 年、1984 年、1989 年、1998 年、2008 年；积雪持续时间最长的年份出现在 2008 年（1 月 14 日—2 月 8 日），为 26 天。19 年积雪过程最长积雪持续时间不足 3 天，年平均

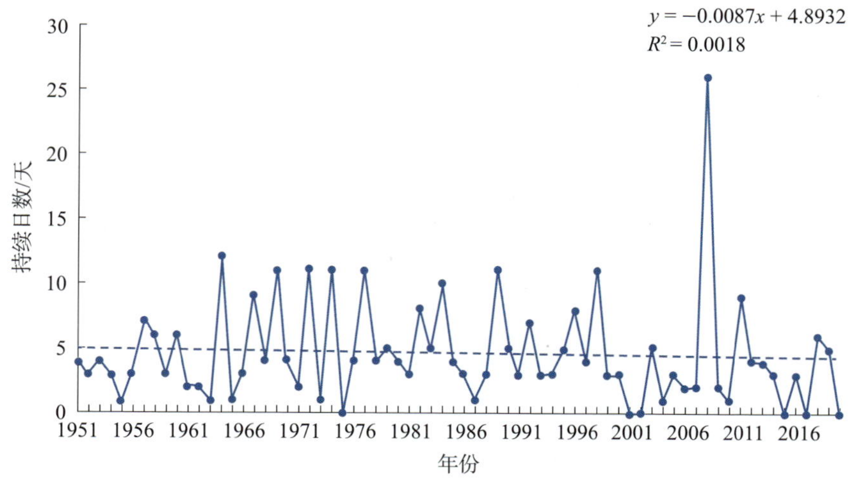

图 5.5　1951—2020 年长沙市历年积雪最长持续时间变化图

最长持续时间 4.2 天。

5.2.3.5　积雪过程累计降雪（水）量年变化

由长沙市历年积雪过程累计降雪（水）量变化图（图 5.6）可以看出，1951—2020 年，历年积雪过程累计降雪（水）量呈减少趋势，每 10 年减少 6.2 毫米，最大积雪过程累计降雪（水）量出现在 2005 年（129.7 毫米），1991—2020 年年平均降雪（水）量 30.6 毫米。

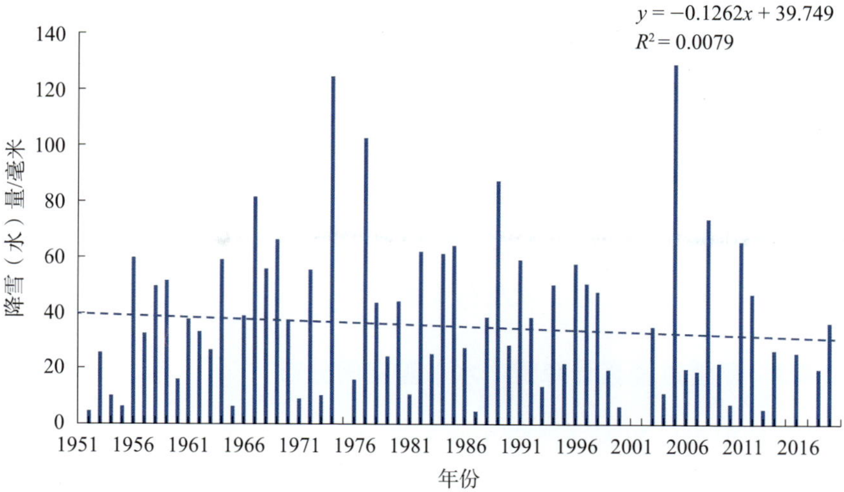

图 5.6　1951—2020 年长沙市历年积雪过程累计降雪（水）量变化图

5.2.3.6 最大积雪深度年变化

从长沙市历年最大积雪深度变化图（图 5.7）可以看出，1951—2020 年，长沙市积雪深度无显著的变化趋势，有 6 年最大积雪深度在 20 厘米以上，其中积雪深度历史极值为 1982 年（30 厘米），25 年最大积雪深度不足 5 厘米。

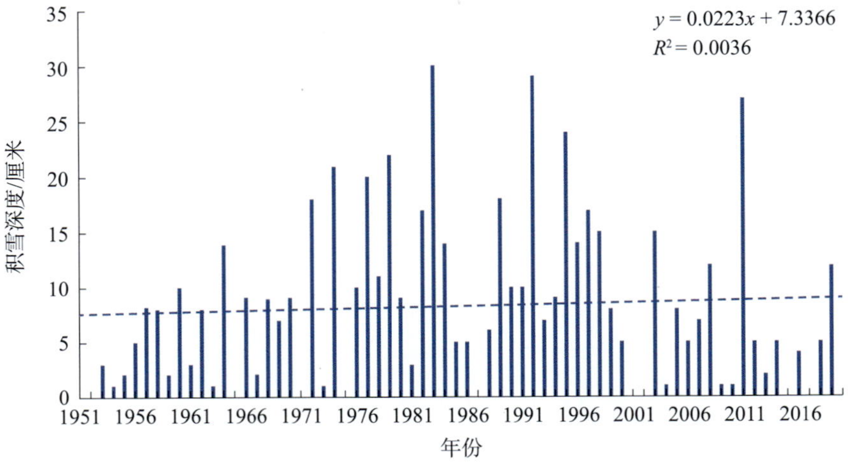

图 5.7　1951—2020 年长沙市历年最大积雪深度变化图

5.2.4 降雪空间分布特征

5.2.4.1 年降雪日数空间分布

长沙市年降雪日数在 6～10 天，呈西高东低分布。西部降雪日数最多，达 9 天以上；中部次之，为 7～9 天；东部最少，普遍在 6 天左右（图 5.8）。

5.2.4.2 年积雪日数空间分布

长沙市年积雪日数在 2～6 天，呈西高东低分布。长沙西北部最高，为 5 天以上；浏阳中部最少，为 2 天左右（图 5.9）。

5.2.4.3 积雪过程累计降雪（水）量空间分布

长沙市年积雪过程累计降雪（水）量在 43～79 毫米，总体呈西高东低分布。宁乡北部局部在 78 毫米以上，浏阳最低，为 43 毫米左右（图 5.10）。

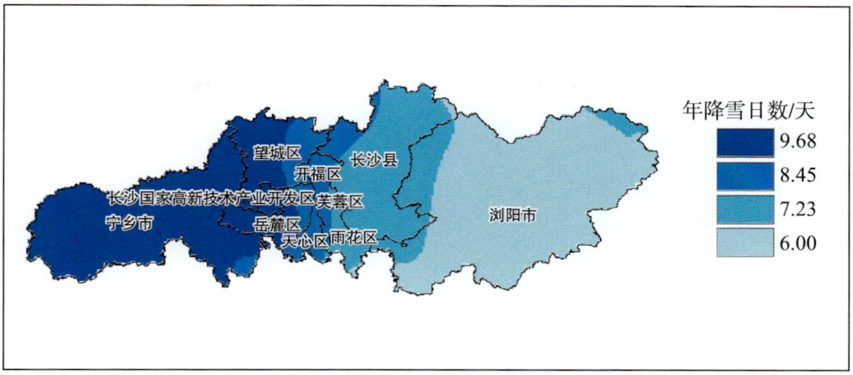

图 5.8 1951—2020 年长沙市年降雪日数分布图

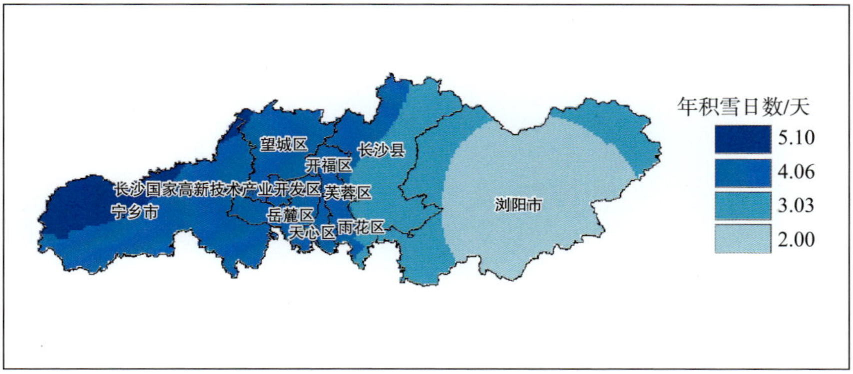

图 5.9 1951—2020 年长沙市年积雪日数分布图

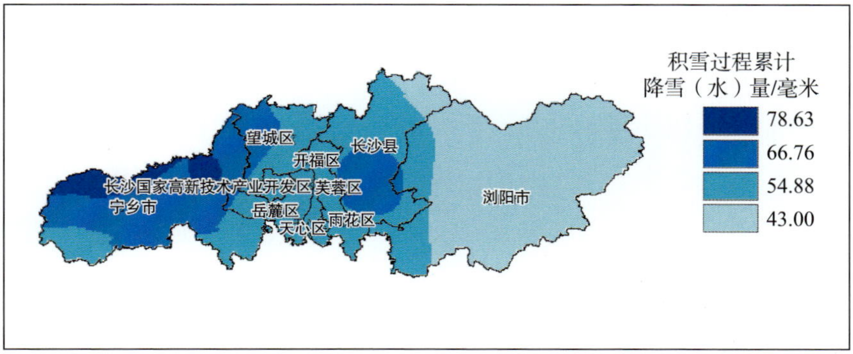

图 5.10 1951—2020 年长沙市年积雪过程累计降雪（水）量分布图

5.2.4.4 最大积雪深度空间分布

长沙市年最大积雪深度在 18～27 厘米，宁乡市西北部、岳麓区中部、浏阳市中部最高，在 26 厘米以上；雨花区南部、浏阳市西南部最低，为 18 厘米左右；其余大部在 20～24 厘米（图 5.11）。

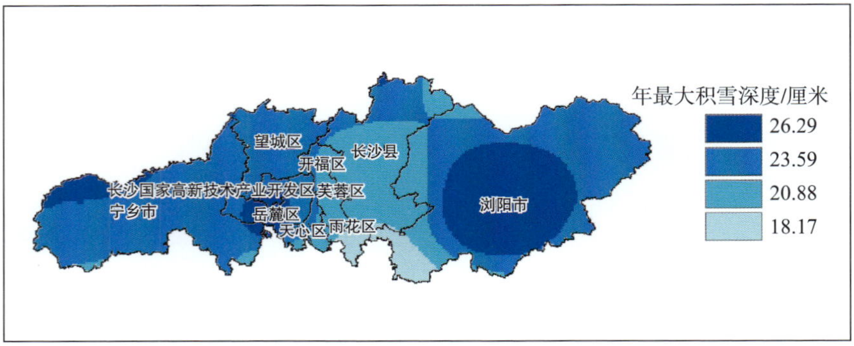

图 5.11 1951—2020 年长沙市年最大积雪深度分布图

5.2.5 雪灾危险性评估

5.2.5.1 致灾因子

雪灾的主要致灾因子为年降雪日数、年最长积雪持续时间、年累计降雪（水）量。

5.2.5.2 危险性评估

根据危险性指数值分布特征，雪灾危险性指数可划分为Ⅰ（高危险性）、Ⅱ（较高危险性）、Ⅲ（较低危险性）、Ⅳ（低危险性）4 个等级。由长沙市雪灾危险性评估图（图 5.12）可知，长沙市雪灾危险性总体呈现西高东低的分布态势，较高、高等级主要位于西部。具体为低危险性有：浏阳市、长沙县、开福区东部、芙蓉区东部、雨花区大部、天心区南部；较低危险性有：望城区大部、开福区西部、芙蓉区西部、天心区北部、岳麓区、宁乡市南部；较高危险性有：宁乡市大部、望城区西部、岳麓区西部局部地区；高危险性有：宁乡市西北部局部地区和东北部。

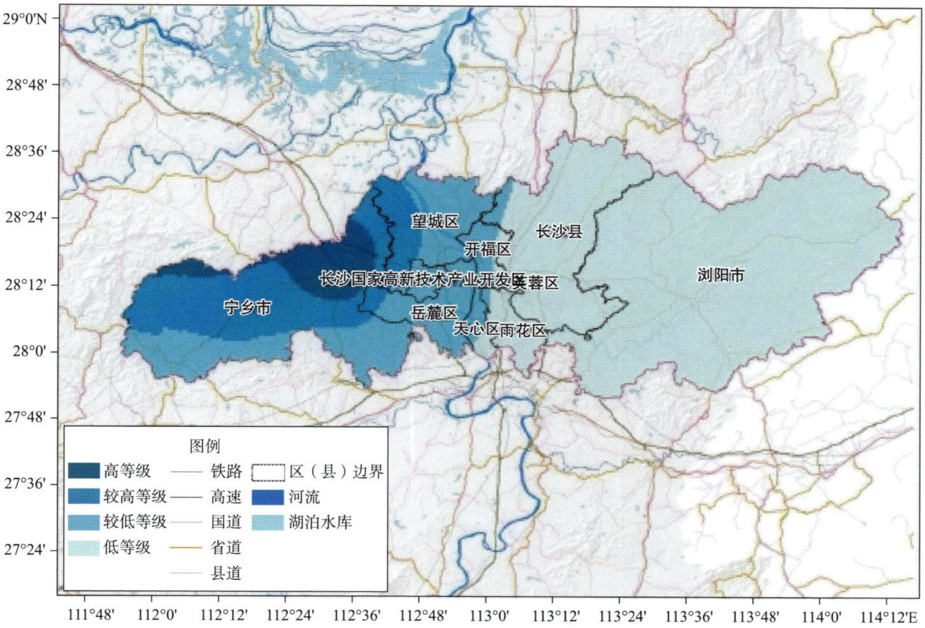

图 5.12　长沙市雪灾危险性评估图

5.3 暴雪预警及灾害防御

5.3.1　暴雪预警知识

根据业务规定，湖南省暴雪预警信息分为预警和预警信号二类。

5.3.1.1　暴雪预警

暴雪预警分为四级，分别以蓝色、黄色、橙色和红色表示，由湖南省气象台制作发布。

暴雪蓝色预警

发布标准：未来 24 小时有 8 个及以上县（市、区）将出现≥7.5 毫米的降雪，且有 10 个及以上县（市、区）（可不与前 8 个县（市、区）重叠）将出现≥5 厘米的积雪。

暴雪黄色预警

发布标准：未来 24 小时有 8 个及以上县（市、区）将出现≥10 毫米的降雪，且有 20 个及以上县（市、区）（可不与前 8 个县（市、区）重叠）将出现≥5 厘米的积雪。

暴雪橙色预警

发布标准：未来 24 小时有 8 个及以上县（市、区）将出现≥15 毫米的降雪，且有 20 个及以上县（市、区）（可不与前 8 个县（市、区）重叠）将出现≥10 厘米的积雪。

暴雪红色预警

发布标准：预计未来 24 小时有 8 个及以上县（市、区）将出现≥20 毫米的降雪，且有 20 个及以上县（市、区）（可不与前 8 个县（市、区）重叠）将出现≥10 厘米的积雪。

5.3.1.2　暴雪预警信号

暴雪预警信号分四级，分别以蓝色、黄色、橙色和红色表示。

暴雪蓝色预警信号

发布标准：12 小时内降雪量将达 4 毫米以上，或者已达 4 毫米以上且降雪持续。

暴雪黄色预警信号

发布标准：12 小时内降雪量将达 6 毫米以上，或者已达 6 毫米以上且降雪持续。

暴雪橙色预警信号

发布标准：6 小时内降雪量将达 10 毫米以上，或者已达 10 毫米以上且降雪持续。

暴雪红色预警信号

发布标准：6 小时内降雪量将达 15 毫米以上，或者已达 15 毫米以上且降雪持续。

5.3.2　雪灾防御建议

（1）农业生产防雪灾

①及早采取有效防冻措施，抵御强低温对越冬作物的侵袭，特别是要防止持续低温对旺苗、弱苗的危害。

②加强对大棚蔬菜和在地越冬蔬菜的管理，防止连阴雨雪、低温天气的危害。雪后应及时清除大棚上的积雪，做好夜间保温及人工补光工作；同时加强各类冬季蔬菜、瓜果的储存管理。

③要趁雨雪间隙及时做好“三沟”（厢沟、腰沟、围沟）的清理工作，降湿排涝，以防连阴雨雪天气造成田间长期积水，影响麦菜根系生长发育。同时要加强田间管理，中耕松土，铲除杂草，提高其抗寒能力。

④做好病虫害的防治工作。及时给麦菜盖土，提高御寒能力，若能用猪牛粪等有机肥覆盖，保苗越冬效果更好。

⑤做好大棚的防风加固，并注意棚内的保温、增温，减少蔬菜病害的发生。

⑥及时整修和加固畜禽圈（栏），做好牲畜防寒保暖工作，注意补给饲草料，增强牲畜的抗寒能力。

（2）日常生活防雪灾

暴雪来临前

①关注气象预报预警及高速封闭、机场延误等交通信息，调整出行计划。

②做好防寒保暖准备，储备足够的食物和水。

③加固安全性不好的房屋以及临时搭建物，及时从危房或不结实的建筑物内转移至安全地带。

④车辆外出时，应采取必要的防滑措施，给车辆安装防滑链。

暴雪来临时

①如果在室内，尽量不出门，不可急于外出清扫积雪。

②正确使用取暖设备，使用煤炭取暖时保持通风，避免一氧化碳中毒。

③如必须出门，要注意防滑保暖，选择防滑性能好的鞋。

④雪天安全刹车距离较大，驾驶汽车时要慢速行驶并与前车保持平时 2～3 倍的距离。车辆拐弯前要提前减速，避免急踩刹车。

⑤非机动车应给轮胎少量放气，以增加轮胎与路面的摩擦力。

⑥如遇暴风雪将车辆困住，尽量待在车里不动，并拨打求救电话。

⑦若出现交通事故，应在现场后方设置明显标志，以防连环撞车事故发生。

暴雪结束后

①雪后外出尽量穿平底鞋，远离机动车道，避免机动车刹车失灵导致的事故。

②如果路滑摔倒，应尽量用手部和双肘撑地，避免碰伤头部等重要部位。

第 6 章

高温灾害

高温是夏季常见的灾害性天气。在全球气候变化的大背景下，加上城市化进程的加快，极端高温或持续性高温天气出现的频率增大，对人们日常生活和健康以及国民经济各部门带来危害和不利影响。2013 年 6—8 月，湖南省出现了有气象记录以来的最强高温天气事件，平均高温日数、高温最长持续时间、单日最高气温 40 ℃以上极端最高气温范围等多项指标均打破历史同期纪录。湖南省气候中心发布的《2022 年湖南气候变化监测公报》显示，1961—2022 年，湖南省酷热日数显著增多，极端高温事件趋多。以长沙市为例，1951—2020 年，长沙市年平均高温日数达到了 30 天，年高温日数最多为 54 天（2013 年）。

6.1 认识高温灾害

6.1.1　高温的定义

高温是指日最高气温达到或超过 35 ℃的天气。由于人体对冷、热的感觉不仅取决于气温，还与空气湿度、风速、太阳热辐射等有关，因此，不同气象条件下的高温天气，也有其相应的特征。高温通常有干热型和闷热型两种类型。

干热型高温：指气温极高、太阳辐射强而且空气湿度小的高温天气。在夏季，中国北方地区如天津市、石家庄市、济南市、郑州市、西安市、吐鲁番市等地经常出现干热型高温。

闷热型高温：指由于夏季水汽丰富，空气湿度大，在气温并不太高（相对而言）时，人们的感觉是闷热，就像在“蒸笼”中。由于出现这种天气时人感觉像在“浴室里蒸桑拿”一样，所以又称“桑拿天”。在中国北方的天津市、济南市及长江中下游地区、华南地区等地经常出现闷热型高温。

湖南省夏季极端最高气温的高值区主要位于湘北的中间地带，低值区主要位于湘西南及省内东、南、西部山区和湘东北的洞庭湖区。湖南省日最高气温一般在 5 月（少数在 4 月）可达 35 ℃以上，6 月明显增多。连续 5 天以上的高温天气过程一般始于 7 月，个别年份始于 6 月下旬。盛夏最后一次持续高温天气过程的结束日期一般在 9 月上旬前期，湘西北略早，在 8 月下旬后期。

6.1.2　高温的等级划分

中国气象局把高温灾害预警等级分为一般、较严重、严重和特别严重。日最高气温≥35 ℃为一般高温；连续 3 天日最高气温≥35 ℃为较严重高温；日最高气温≥37 ℃为严重高温（炎热天气）；日最高气温≥40 ℃为特别严重高温（酷热天气）。

6.1.3　高温热浪的等级划分

高温热浪是指高温持续时间较长，引起人、动物以及植物不能适应环境的一种气象灾害。高温热浪的标准主要依据高温对人体产生影响或危害的程度而制定。高温热浪灾害受地理、社会和经济等多方面的影响。我国将连续 3 天以上最高气温达到 35 ℃及以上，或连续 2 天最高气温达到 35 ℃及以上并有 1 天最高气温达到 38 ℃及以上的天气过程称为高温热浪。

根据《高温热浪等级》(GB/T 29457—2012)，高温热浪按照影响程度划分为 4 个等级（表 6.1）。

表 6.1　高温热浪等级划分表

等级	影响程度	措施
一级	区域内最高气温在 35 ℃以上，持续时间在 2 天以上	应加强预警和信息发布，提醒公众注意防护
二级	区域内最高气温在 37 ℃以上，持续时间在 2 天以上	应当采取适当的防护措施，如减少户外活动、增加饮水量等
三级	区域内最高气温在 40 ℃以上，持续时间在 2 天以上	应当采取较为严格的防护措施，如限制户外工作时间、关闭学校等
四级	区域内最高气温在 42 ℃以上，持续时间在 2 天以上	需要采取最严格的防护措施，如紧急停止户外活动、禁止户外工作等

6.1.4　高温的成因

(1) 全球变暖提供气候背景

当前，全球变暖的趋势已毋庸置疑，近 130 多年来，全球地表平均温度始终处于上升趋势。根据湖南省气候中心发布的《2022 年湖南省气候变化监测公报》：1910—2022 年，湖南省年平均气温呈显著上升趋势，并伴随明显的年代际波动，21 世纪以来为明显的偏暖阶段（图 6.1），气温上升了约 1.14 ℃。

(2) 天气系统触发

高温的形成往往是由特定的天气系统直接导致的，其中最典型、最常见的就是有着“高温使者”称号的副热带高压（简称副高）(图 6.2)。它是在南北半球副热带地区出现的暖性高压系统，是夏季影响我国的主要天气系统。由于副高的内部盛行下沉气流，空气增温强烈，同时气压梯度较小，几乎没有什

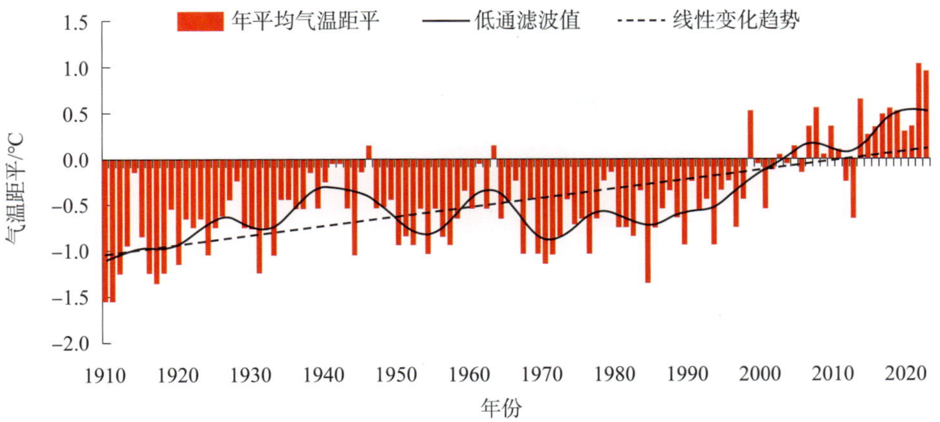

图 6.1　1910—2022 年湖南省平均气温距平变化图

么风。因而在副高控制的地区，往往以晴朗少云的高温天气为主。如果副高强盛，则该地区就会出现高温灾害。除副高外，青藏高压、大陆暖高压、热带气旋、热低压等天气系统也会催生高温热浪。

图 6.2　副热带高压示意图

（3）城市热岛效应

城市热岛效应指的是城市中心比郊区温度高的现象（图 6.3），世界上热岛效应最强的是中高纬度的大中城市，如德国柏林城区与郊区的温差曾一度高达 13.3 ℃。随着城市化进程的加快，城市热岛效应更加明显，对高温天气起到推波助澜的作用。

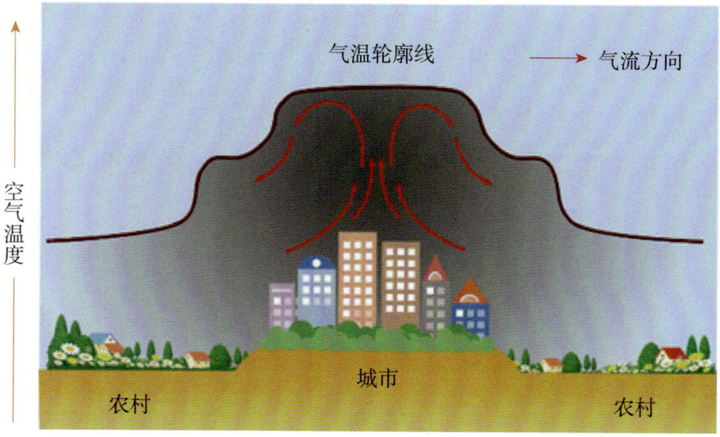

图 6.3　热岛效应示意图

6.1.5　高温的危害

高温对人们日常生活和身体健康以及各行各业都有一定影响。

①引发疾病。高温热浪使人体感到不适，中暑、肠道疾病和心脑血管疾病等的发病率增多。

②水电故障增多。因用于防暑降温的水电需求猛增，造成水电供应紧张，故障频发。

③不利农业生产。高温加剧土壤水分蒸发和作物蒸腾作用，高温少雨同时出现时，造成土壤失墒严重，加速旱情的发展，给农业生产造成较大影响。

④火险加重。持续高温少雨还易引发火灾，而森林火灾又会对生态环境造成破坏。

此外，旅游、交通、建筑等行业也会受到不同程度的影响。

6.2　长沙市高温灾害风险普查

6.2.1　高温灾害统计

1978—2020 年，长沙市有记录的高温灾害有 63 次，按照县（区、市）分布来看，高温灾害在全市的分布差异较大，其中宁乡市、长沙县、望城区记录均在 10 次以上，排名前三；浏阳市 6 次；岳麓区、天心区、雨花区、芙蓉区、开福区差异不大，记录为 1～4 次，高新区无记录（表 6.2）。

表 6.2 长沙市各县（区、市）1978—2020 年高温灾害信息表

序号	县（区、市）名称	高温灾害次数 / 次
1	宁乡市	16
2	长沙县	15
3	望城区	11
4	浏阳市	6
5	岳麓区	4
6	天心区	4
7	雨花区	3
8	芙蓉区	3
9	开福区	1
10	高新区	0

1961 年以来，长沙市共出现 159 次区域性高温过程，其中 5 次特强过程均出现在 21 世纪以来（表 6.3）。

表 6.3 长沙市 5 次特强区域性高温过程信息表

过程开始日期	过程结束日期	过程持续时间 / 天	平均强度 /℃	平均范围 /m^2	综合强度指数	综合强度等级	过程最高气温（℃）/ 站点
2022-07-30	2022-08-28	30	38.11	10756.22	21648.58	特强	44.5 / 黄材水库
2019-07-22	2019-08-25	35	37.13	9676.88	21608.6	特强	43.0/ 高桥镇锦绣
2013-07-22	2013-08-19	29	38.36	9982.22	20639.12	特强	43.8/ 龙伏镇石柱峰
2003-07-11	2003-08-09	30	37.47	9982.86	20505.57	特强	41.2/ 宁乡站
2018-07-13	2018-08-14	33	36.91	9228.06	20368.37	特强	42.6/ 青山铺镇广福

6.2.2 典型高温灾害事件

（1）2011 年连续高温干旱

2011 年，长沙市夏季出现 3 次高温热害天气过程。7 月 2—7 日马坡岭站连续 6 天日最高气温≥35 ℃，达到轻度高温热害标准；7 月 20 日—8 月 2 日（宁

乡站 7 月 21 日—8 月 2 日）全市连续 14 天（宁乡 13 天）日最高气温≥35 ℃，达到中度高温热害标准；8 月长沙、宁乡 13—21 日、浏阳 14—21 日、马坡岭 12—21 日出现连续高温，达到轻度高温热害标准。高温影响主要表现在对供电需求、居民生活等方面。

（2）2013 年特大高温干旱

天心区：2013 年自 6 月 15 日起长沙市天心区共出现 4 段高温热害，分别是 6 月 15—19 日、6 月 30 日—7 月 20 日、8 月 1—16 日、8 月 25—30 日，并有两段达重度高温热害标准。持续晴热高温天气，影响了人们的正常生活和身心健康。2013 年 6 月 13—18 日，长沙“120”急救中心接警 9 起中暑案情，中暑大多发生在每日 11—16 时。6 月 17—19 日，长沙“120”急救中心共接到 123 例车祸接警，其中，车祸次数增加最快的多为电动车车祸，这与不少车主因高温导致“情绪中暑”症状不无关系。

雨花区：2013 年夏季（6—8 月），雨花区陆续出现了 5 段高温过程，分别出现在 6 月 14—19 日、6 月 21—25 日、6 月 30 日—7 月 20 日、7 月 22 日—8 月 16 日、8 月 25—30 日。连续的晴热高温天气，也影响了人们的正常生活和身心健康，据报道，6 月 17—19 日，长沙“120”急救中心共接到 123 例车祸接警，其中，车祸次数增加最快的多为电动车车祸。

6.2.3 高温日数时间变化特征

6.2.3.1 年际变化

1991—2020 年，长沙市多年年平均高温日数为 30.0 天，年际变化在 9 天（1997 年）～54 天（2013 年），高温日数呈增加趋势；每 10 年增加 1.5 天（图 6.4）。

1951—2020 年，长沙市的极端最高气温在 36.7 ℃（1997 年）～41.2 ℃（2003 年）变化。年极端最高气温在 37 ℃、38 ℃、39 ℃、40 ℃以上的年份分别有 68 年、56 年、34 年、11 年。40 ℃以上的年份分别为 1951 年、1953 年、1963 年、1966 年、1967 年、1971 年、1991 年、2003 年、2009 年、2010 年、2013 年（图 6.5）。

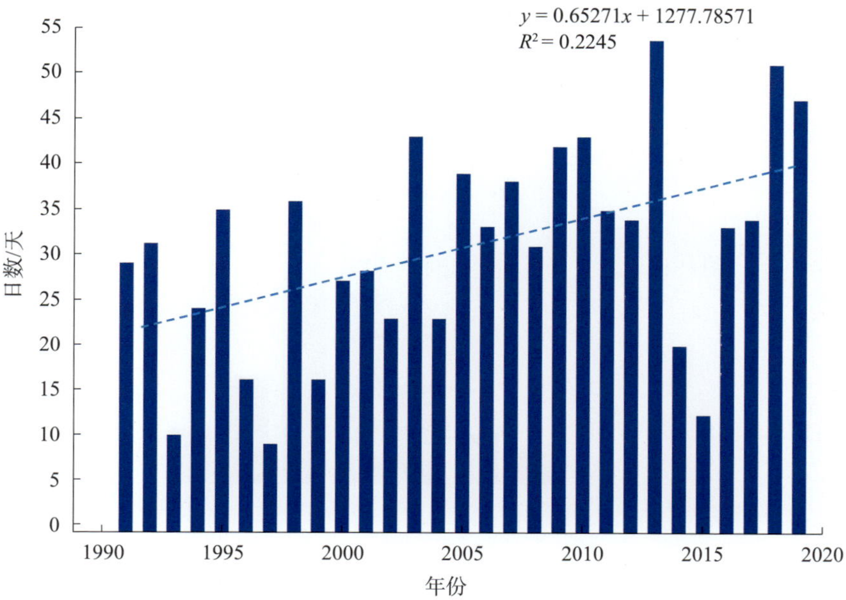

图 6.4　长沙市 1990—2021 年高温日数年际变化图

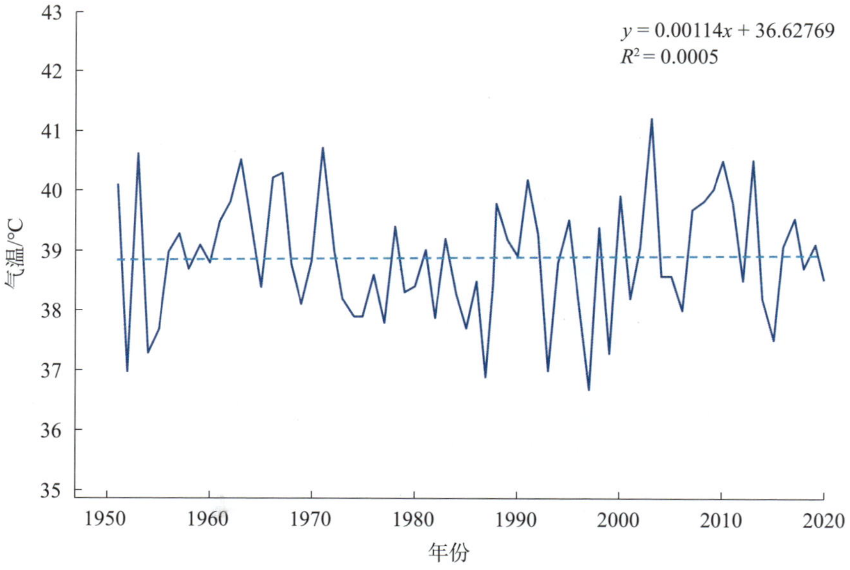

图 6.5　长沙市 1951—2020 年极端最高气温年际变化图

6.2.3.2　年内变化

长沙市高温天气集中出现在4—10月，7月、8月高温日出现较多（图6.6），分别为 13.7 天、11.3 天，占全年高温日的 68.1%；5 月和 10 月高温日较少（分别为 1.7 天和 1.9 天），4 月高温日最少（1.0 天）。

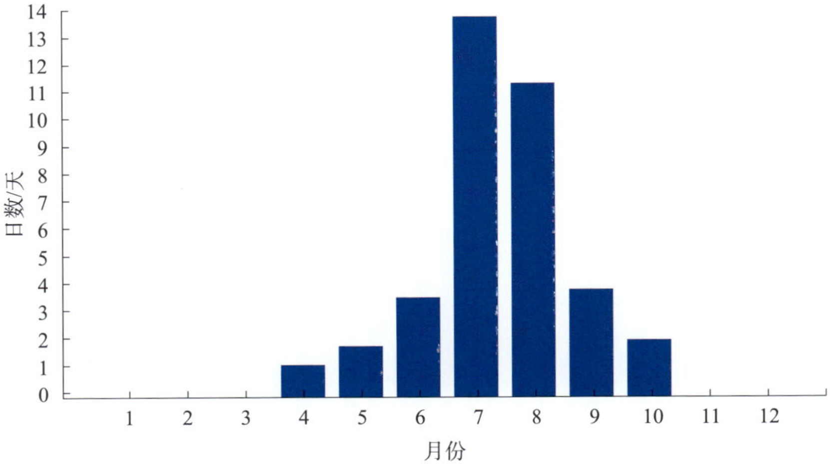

图 6.6 1951—2020 年历年高温平均日数年内变化图

1951—2020 年，长沙市国家气象站各月平均最高气温在 18.4～38.0 ℃，最高值均出现在 7 月（表 6.4）。

表 6.4 长沙市国家站 1951—2020 年月平均最高气温统计表 （单位：℃）

	1 月	2 月	3 月	4 月	5 月	6 月	7 月	8 月	9 月	10 月	11 月	12 月	全年
平均最高气温	18.4	23.7	27.7	31.9	34.0	35.6	38.0	37.7	35.9	31.7	26.8	19.5	30.1

1951—2020 年，长沙市国家气象站各月极端最高气温值在 24.4～41.2 ℃，最大值 41.2 ℃，出现在 2003 年 8 月 2 日（表 6.5）。

表 6.5 长沙市国家站 1951—2020 年各月极端最高气温统计表 （单位：℃）

	1 月	2 月	3 月	4 月	5 月	6 月	7 月	8 月	9 月	10 月	11 月	12 月	全年
极端最高气温	26.9	30.9	33.1	35.9	36.9	37.7	40.7	41.2	39.1	37.7	32.2	24.4	41.2

6.2.4 高温灾害危害性评估

6.2.4.1 致灾因子

高温灾害的致灾因子为 35 ℃以上高温日数、极端最高气温、高温持续时间。

6.2.4.2　高温各致灾因子空间分布

（1）高温日数分布

长沙市年高温日数多的区域主要分布在开福区、芙蓉区、雨花区、长沙县、浏阳市大部等区域；年高温日数较多的区域主要分布在宁乡市大部、望城区、岳麓区、天心区等区域。年高温日数少的区域主要为宁乡市西部、浏阳市东部北部及中部局部地区等区域（图 6.7）。

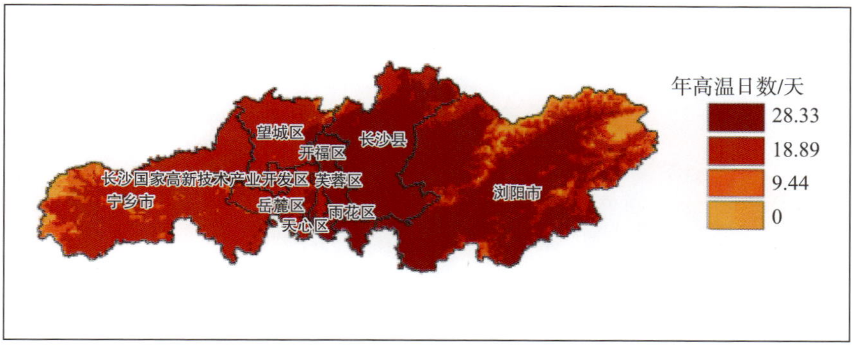

图 6.7　1951—2020 年长沙市年高温日数平均分布图

（2）极端最高气温分布

长沙市极端最高气温 40.6 ℃以上的区域主要分布在宁乡市大部、望城区大部、岳麓区大部、开福区、天心区、芙蓉区、雨花区中部北部、长沙县大部、浏阳市西部及中部局部地区等区域。极端最高气温 37.6～40.6 ℃的区域主要为宁乡市西部、岳麓区西部、望城区东北部、长沙县西北部局部、浏阳市大部等区域；极端最高气温 31.6～37.6 ℃的区域主要为浏阳市东北部和中部偏北局部地区等区域（图 6.8）。

（3）高温过程平均持续日数分布

长沙市大部分地区高温过程平均持续日数均在 7.6 天以上，宁乡市西北部、浏阳市东北部和中部偏北局部地区在 4.3～7.6 天（图 6.9）。

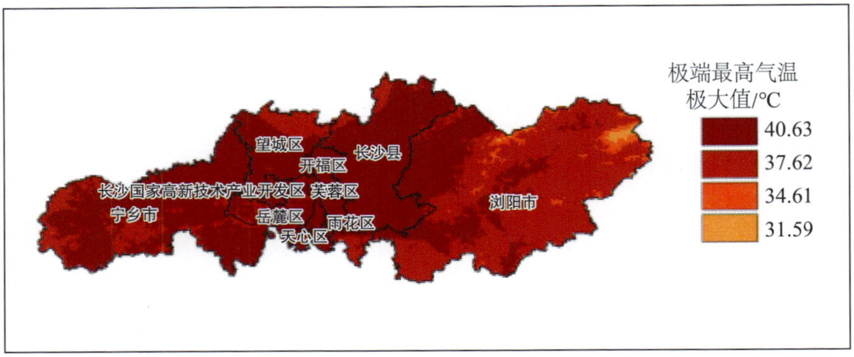

图 6.8　1951—2020 年长沙市极端最高气温极大值空间分布图

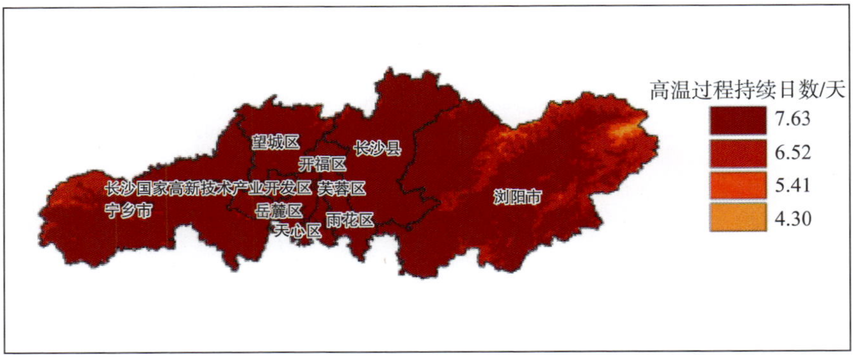

图 6.9　1951—2020 年长沙市高温过程持续日数空间分布图

6.2.4.3　危险性评估

将长沙市各站 35 ℃以上高温日数、极端最高气温、平均过程持续日数 3 个高温致灾因子，进行均一化处理后加权计算，得到各站高温灾害危险性指数。采用反距离插值方法，最终得到长沙市高温灾害危险性评估图（图 6.10）。

由图 6.10 可知，长沙市高温危险性等级分布呈中部及偏东区域高、东西部低的特点。高等级风险区主要分布在开福区南部、芙蓉区、雨花区东部、长沙县中部南部、浏阳市西部局部地区等区域；较高等级风险区主要分布在宁乡市西南部、望城区东南部、长沙县北部、浏阳市大部、开福区北部、岳麓区东部、天心区西南部、雨花区大部等区域；较低等级主要分布在宁乡市大部、望城区大部、岳麓区大部、长沙县北部局地、浏阳市西北部局地等区域；低等级主要分布在宁乡市西部、浏阳市东部北部等区域。

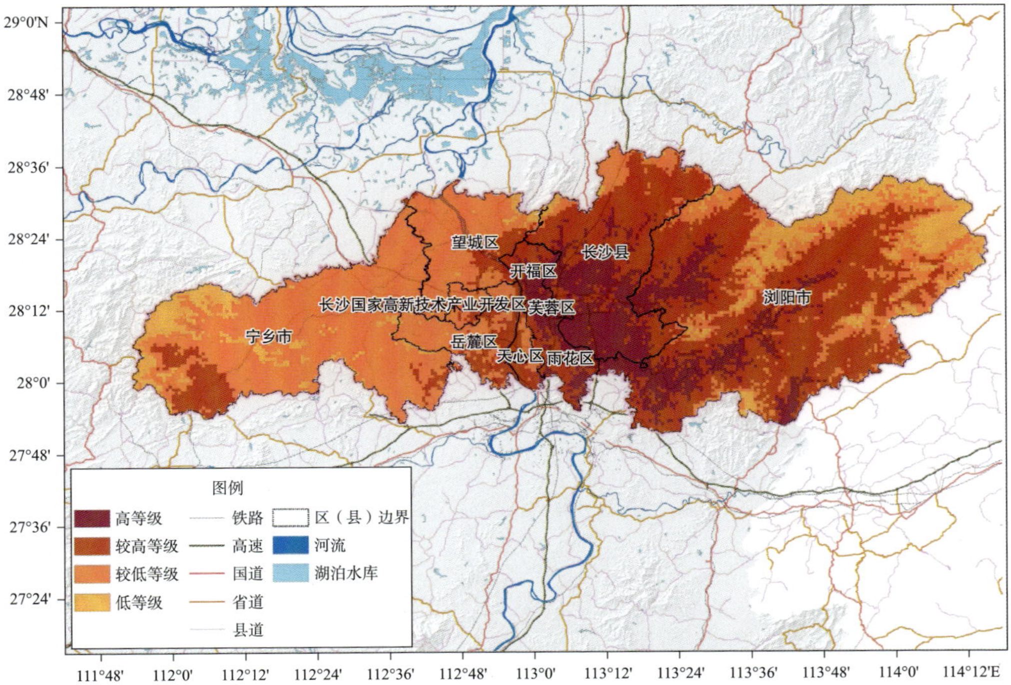

图 6.10　长沙市高温灾害危险性评估图

6.3 高温预警及灾害防御

6.3.1　高温预警知识

根据业务规定，湖南省的高温预警信息分为预警和预警信号两类。

6.3.1.1　高温预警

高温预警分三级，分别以黄色、橙色、红色表示，由湖南省气象台制作发布。

高温黄色预警

发布标准：未来 24 小时有 30 个及以上县（市、区）出现最高气温≥35 ℃，其中有 1 个及以上县（市、区）最高气温≥37 ℃。

高温橙色预警

发布标准：未来24小时有30个及以上县（市、区）出现最高气温≥37 ℃，其中有1个及以上县（市、区）最高气温≥39 ℃。

高温红色预警

发布标准：未来24小时有30个及以上县（市、区）出现最高气温≥39 ℃，其中有1个及以上县（市、区）最高气温≥40 ℃。

6.3.1.2 高温预警信号

高温预警信号分三级，分别以黄色、橙色、红色表示，由各市（州）气象台制作发布。

高温黄色预警信号

发布标准：24小时内最高气温将升至35 ℃以上。

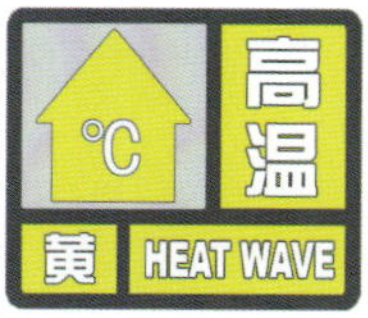

高温橙色预警信号

发布标准：24小时内最高气温将升至37 ℃以上。

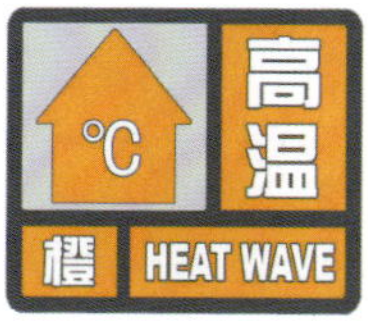

高温红色预警信号

发布标准：24小时内最高气温将升至40 ℃以上。

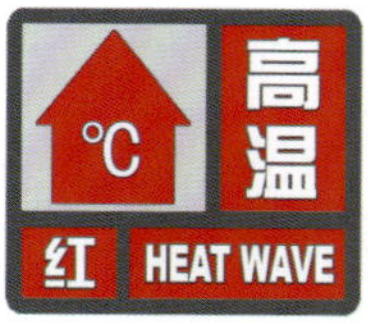

6.3.2 高温防御建议

①白天尽量避免或减少户外活动，尤其是10—16时，不要在烈日下外出运动和劳动。少去闷热的公共场所，早晚多散步。

②室外劳动时应戴上草帽，穿浅色衣服，并且应备有饮用水和防暑药品，如感到头晕不舒服应立即停止劳动，到阴凉处休息。

③浑身大汗时，不宜立即用冷水洗澡，应先擦干汗水，适当休息后再用温水洗澡。

④避免皮肤被蚊虫咬伤、开水烫伤等，预防因气温高、细菌繁殖速度加快而造成的感染。

⑤注意饮食卫生。要多饮水，每日补充 2000 毫升以上的水，以温淡盐水或茶水为主，兼食瓜果和新鲜蔬菜。

⑥要提高防范中风的意识。少食多餐，切忌过饱、过腻，以防胃肠道消化食物时与大脑争血，增加脑缺血性中风的风险。凡有心脑血管疾病、糖尿病者，应坚持服药，一旦出现心慌气短、头昏眼花、手足不灵、走路不稳、精神萎靡等症状，应及时就医。

第 7 章

干旱灾害

干旱是对人类影响最大、造成经济损失最严重的自然灾害之一。旱灾影响形式虽然比洪涝灾害缓慢，但灾害涉及面往往很广，且后续和潜在危害也较大。湖南省年平均降水量约 1400 毫米，但年际变化频率大，降水的季节分配也很不均匀。常年 6 月下旬以后，受西太平洋副热带高压控制，湖南省雨季结束进入盛夏晴热少雨季节，容易发生干旱灾害。干旱严重时，溪河断流，塘坝、水库干涸，对航运、水电影响严重，甚至人畜饮水也会困难。尤其农业生产多在露天条件下进行，受干旱制约很大。因此，旱灾是湖南省影响最为严重的农业气象灾害。

7.1 认识干旱灾害

7.1.1　干旱的定义

干旱通常是指长期无雨或少雨，水分不足以满足人的生存和经济发展的气候现象。干旱在气象上有两种含义：一是干旱气候，二是干旱灾害。

（1）干旱气候

指某地多年无降水或降水很少的一种气候现象。我国的干旱气候区包括西北地区大部、内蒙古自治区西部和西藏自治区北部，这里的自然景观是极端干旱的沙漠和戈壁。

（2）干旱灾害

指某地在某一时段内的降水量比其多年平均降水量显著偏少，导致该地的经济活动（尤其是农业生产）和人类生活受到较大危害的现象。

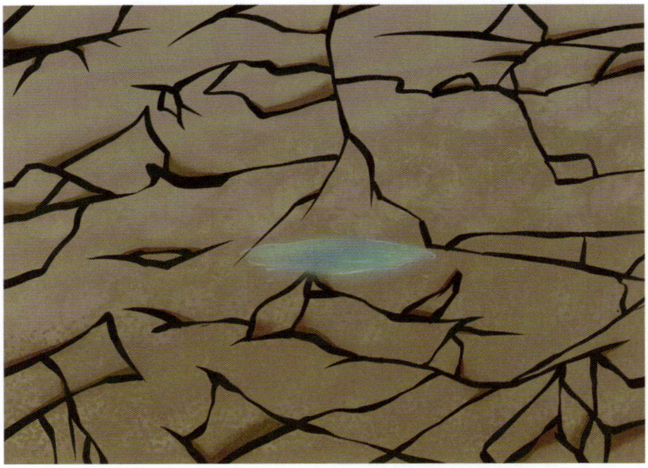

7.1.2　干旱的类型及其相互关系

干旱可以分为气象干旱、农业干旱、水文干旱和社会经济干旱。

气象干旱：指某时段内，由于蒸发量和降水量的收支不平衡，水分支出大于水分收入而造成的水分短缺现象。

农业干旱：指在作物生育期内，由于土壤水分持续不足而造成的作物体内水分亏缺，影响作物正常生长发育的现象。

水文干旱：指由于降水的长期短缺而造成某段时间内地表水或地下水收支不平衡，出现水分短缺，使江河流量、湖泊水位、水库蓄水等减少的现象。

社会经济干旱：指由自然系统与人类社会经济系统中水资源供需不平衡造成的异常水分短缺现象。社会对水的需求通常分为工业需水、农业需水和生活与服务行业需水等。如果需大于供，就会发生社会经济干旱。

在4类干旱中，气象干旱是一种自然现象，最直观的表现为降水量减少，而农业、水文和社会经济干旱更关注人类和社会方面。气象干旱是其他3种类型干旱的基础。当气象干旱持续一段时间，就有可能发生农业、水文和社会经济干旱，并产生相应的后果。

通常在气象干旱发生几周后，土壤水分不足导致农作物、草原和牧场受灾。几个月的持续气象干旱导致江河径流、水库水位、湖泊水位、地下水位下降，出现水文干旱。当水分短缺影响到人类生活或经济需水时，就发生社会经济干旱。

7.1.3 气象干旱的等级

根据国家气候中心制定的国家标准《气象干旱等级标准》（GB/T 20481—2017），气象干旱可分为无旱、轻旱、中旱、重旱、特旱5个等级。

轻旱：降水较常年偏少，地表空气干燥，土壤出现水分轻度不足，作物轻微缺水，叶色不正；水资源出现短缺，但对生产、生活影响不大。

中旱：降水持续较常年偏少，土壤表面干燥，土壤出现水分不足，作物叶片有萎蔫现象；水资源短缺，对生产、生活造成影响。

重旱：土壤出现水分持续严重不足，土壤出现干土层（1～10厘米），作物出现枯死现象；河流出现断流，水资源严重不足，对生产、生活造成较重影响。

特旱： 土壤出现水分长时间严重不足，出现较厚干土层（>10 厘米）；作物出现大面积枯死；多条河流出现断流、水资源严重不足，对生产、生活造成严重影响。

7.1.4　干旱的成因

（1）大气环流的影响

大气环流的规律性运动和异常是形成湖南省规律性干旱的主要成因。常年 6 月以后，湖南省除湘西北外，常受西伸北跃的西太平洋副热带高压控制，雨带北移，各地雨季相继结束，天气晴朗、气温高、南风大、蒸发强，会引起干旱发生。若大气环流异常，前期副热带高压很弱，脊线位置偏南，在湖南省冷暖空气交汇少，雨季降水不足，后期副热带高压过强、过早并长时间控制湖南省，则出现长期无雨或少雨的现象，引起严重干旱。

（2）降雨量与农业阶段需水量极不平衡

湖南省的早稻本田期需水量一般小于同期降水量，但在少数 5—7 月少雨的年份和渗漏严重的地区仍有亏缺，而晚稻本田期需水量一般大于同期降水量，大多入不敷出。而 7—9 月是中、晚稻的需水关键期，占全生育期需水量的 94.7%，这一时期也是棉花结桃、柑橘壮果的关键时期，此时若出现干旱，对各类农作物的生长危害极大。

（3）气温高、蒸发大，降水和蒸发不平衡

夏秋季节正值湖南全省气温较高时段，日平均气温高，全省各地日最高气温大于或等于 35℃的酷暑期也大多集中在夏秋季节。这一时期蒸发量也大，最大的可达同期降水量的 4 倍以上。

（4）地形地貌的差异

地形地表特征是影响干旱的重要因素，衡阳盆地和邵阳盆地因受地形性下沉气流影响，干旱频率较高。湘西、湘西南的石灰岩地质区土层薄，不利于蓄水保水，十天半月不雨，就容易发生干旱。

（5）社会因素的影响

随着社会经济的发展，自然灾害造成的损失呈上升趋势，这其中社会因素的影响越来越显著。包括人口急剧增长，耕地急剧减少，复种指数提高；森林植被遭破坏，水土流失日趋严重；水利工程老化失修；经济建设的高速发展，使工农业生产和人民日常生活需水成倍增加。

7.1.5　干旱的危害

干旱是对人类社会影响最严重的气候灾害之一，它具有出现频率高、持续时间长、波及范围广的特点。干旱的频繁发生和长期持续，不但会给社会经济，特别是农业生产带来巨大损失，还会造成水资源短缺、荒漠化加剧、沙尘暴频发等诸多生态和环境方面的不利影响。

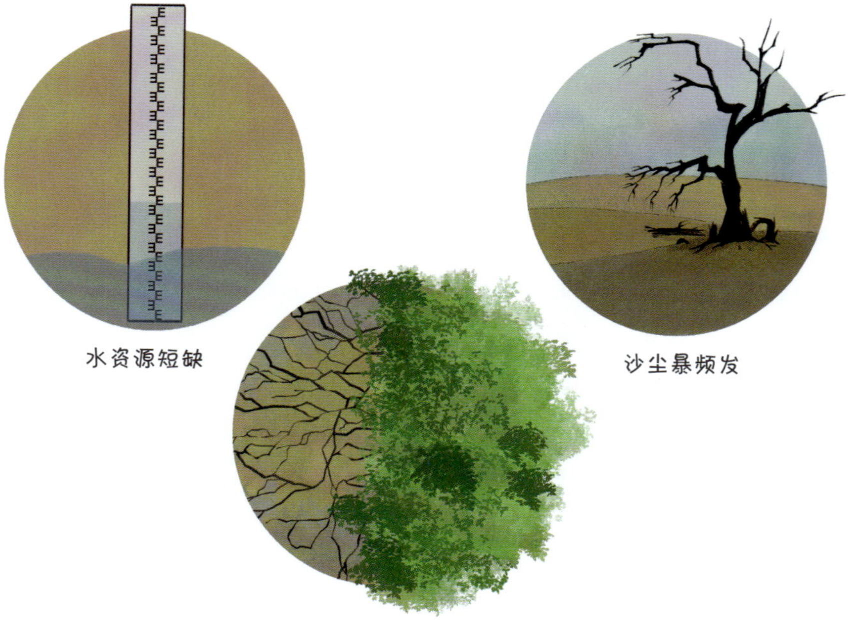

水资源短缺　沙尘暴频发　荒漠化加剧

（1）干旱是危害农牧业生产的第一灾害

①气象条件影响作物的分布、生长发育、产量及品质的形成，而水分条件是决定农业发展类型的主要条件。干旱由于其发生频率高、持续时间长，影响

范围广、后延影响大，成为影响我国农业生产最严重的气象灾害。

②干旱是我国畜牧业的主要气象灾害，主要表现在影响牧草、畜产品和加剧草场退化和沙漠化。

（2）干旱促使生态环境进一步恶化

①气候暖干化造成湖泊、河流水位下降，部分干涸和断流，地表水源补给不足，只能依靠大量超采地下水，然而超采地下水又导致了地下水位下降、漏斗区面积扩大、地面沉降、海水入侵等一系列的生态环境问题。

②干旱导致草场植被退化。我国大部分地区处于干旱、半干旱和亚湿润的生态脆弱地带，雨热同季，北方地区雨季虽然是每年的 4—9 月，但存在着很大的空间异质性，有“十年九旱”的特点。由于气候环境的变迁和不合理的人为干扰活动，导致了植被严重退化，对脆弱生态系统非常不利。

③气候干旱加剧土地荒漠化进程。

（3）气候暖干化引发其他自然灾害发生

冬、春季的干旱易引发森林火灾和草原火灾。自 2000 年以来，由于全球气温的不断升高，导致北方地区气候偏旱，林地地温偏高，草地枯草期长，森林地下火和草原火灾有增长的趋势。

7.2 长沙市干旱灾害风险普查

7.2.1 干旱灾情统计

1959—2020 年，长沙市有记录的干旱灾情信息总共 33 条，1959—1992 年干旱灾情较多，1992 年以后干旱灾情较少，2013 年长沙市发生较严重的干旱。

7.2.2 典型干旱灾害事件

1956 年，6 月中旬至 9 月底，长沙市遭遇大旱，农作物成灾面积 8.3 万公顷，其中浏阳市 67 个乡、3.3 万公顷农田受灾；长沙市 38.9% 的农户受灾，成灾面积 1.7 万公顷；宁乡市中晚稻受损 8 万多公顷，失收近 7000 公顷，很多地方饮水要到几里[①]外甚至 10 里多外挑取。

1963 年，长沙市夏秋干旱 100 天，2.7 万公顷农田受灾，失收 5000 公顷；浏阳市 6 月 3 日至 9 月 19 日持续干旱 108 天，65 个公社受灾；宁乡市 7—8 月高温日数长达 36 天，5 万公顷农田受灾。

1992 年，长沙市遭遇夏、秋、冬连旱。望城区 7 月 6 日至 12 月上旬，境内平均降雨仅 120 毫米，持续 100 多天的夏、秋、冬连旱，使 2.9 万处塘坝干涸，182 条溪河断流，28866.67 公顷稻田受旱，1300 公顷失收；3 万多人口饮水发生困难。

2009 年，宁乡市 7 月 29 日至 10 月 12 日，出现 76 天夏、秋连旱，由于前期降水严重偏少，加之 6—8 月高温日达 37 天，高温少雨，蒸发量大，33 个乡镇出现不同程度的干旱，农作物受灾面积 6900 公顷，受灾人口达 15 万人，造成 2 万人和 500 头大牲畜饮水困难，直接经济损失达 1663 万元。

2013 年，长沙市遭遇特大干旱，自 6 月 30 日起持续近两个月的高温干旱时段，长沙市高温日数（62 天）、极端最高气温（41.3 ℃）以及高温热害程度（重度高温热害）均打破有气象记录以来的历史极值。据长沙市防汛抗旱指挥部统计，旱情高峰时期全市共 8 个县市区 126 个乡镇 767 个行政村、172.7 万亩农作物受旱（重旱 64.5 万亩、干枯 18.2 万亩），19.8 万人、23.9 万头大牲畜因旱出现临时饮水困难，231 条溪河断流、78 座小型水库干涸，1965 眼机电井出水不足。

7.2.3 年干旱日数及干旱强度特征分析

7.2.3.1 年干旱日数变化

1959—2020 年，长沙市总计有 7124 天出现干旱，其中轻旱 3825 天、中旱 2380 天、重旱 790 天、特旱 129 天；各类型干旱日数基本都呈现减少的趋势，轻旱减小趋势最明显。2007 年干旱日数最多（214 天）；1996 年轻旱日数最多

① 1 里 = 500 米。

（122 天）；2018 年中旱日数最多（113 天）；2007 年重旱日数最多（100 天）；1979 年特旱日数最多（37 天）。

1959—2020 年，长沙市出现干旱过程共 91 次，平均每年出现 1.5 次，其中特强 4 次，分别出现在 1963 年、1979 年、2003 年、2007 年。

7.2.3.2 年干旱强度历年演变

年干旱强度为年尺度内多次干旱过程中的累积干旱强度的总和，日干旱等级可为轻旱或中旱等级及以上。

1959 年—2020 年，长沙市年干旱发生频次较多，仅有 6 年没有出现干旱过程（图 7.1）；2007 年年干旱强度指数最大，达到 313.43，其次是 1963 年的 257.84，2000 年以来年干旱强度极端性增强。

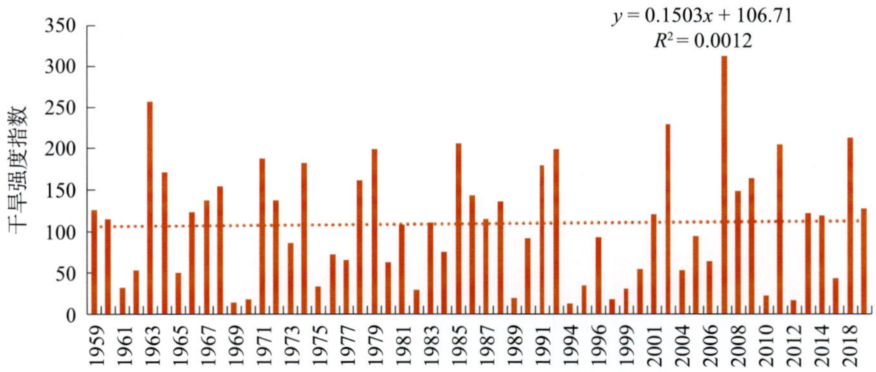

图 7.1 1959—2020 年长沙市年干旱强度历史演变曲线图

7.2.4 干旱灾害危险性评估

7.2.4.1 致灾因子

通过相关性分析，最终确定年干旱强度是干旱灾害的唯一致灾因子。

7.2.4.2 年干旱强度危险性指数分布

长沙市年干旱强度呈现中部高、东西部低的分布，岳麓区、长沙县中部有两个中心高值，危险性指数最高（图 7.2）。

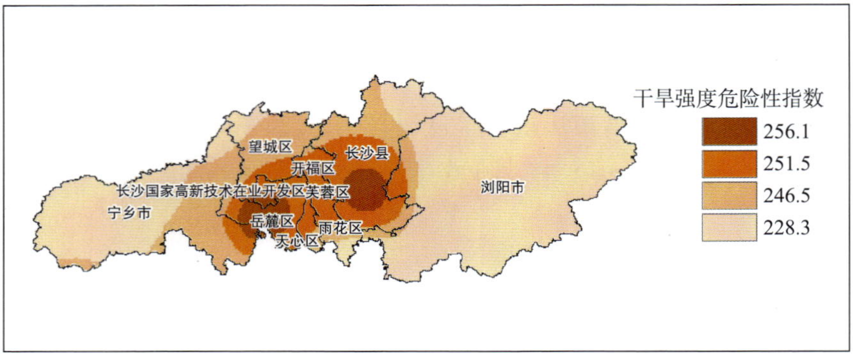

图 7.2　长沙市年干旱强度危险性指数分布图

7.2.4.3　干旱灾害危险性评估

由长沙市干旱灾害危险性评估图（图 7.3）可知，长沙市干旱灾害危险性呈现中部高、东西部低的分布，宁乡市东南部、望城区南部、岳麓区、开福区、雨花区中部北部、芙蓉区、天心区、长沙县中部南部等级较高，宁乡市西北部、浏阳市中部为低等级。

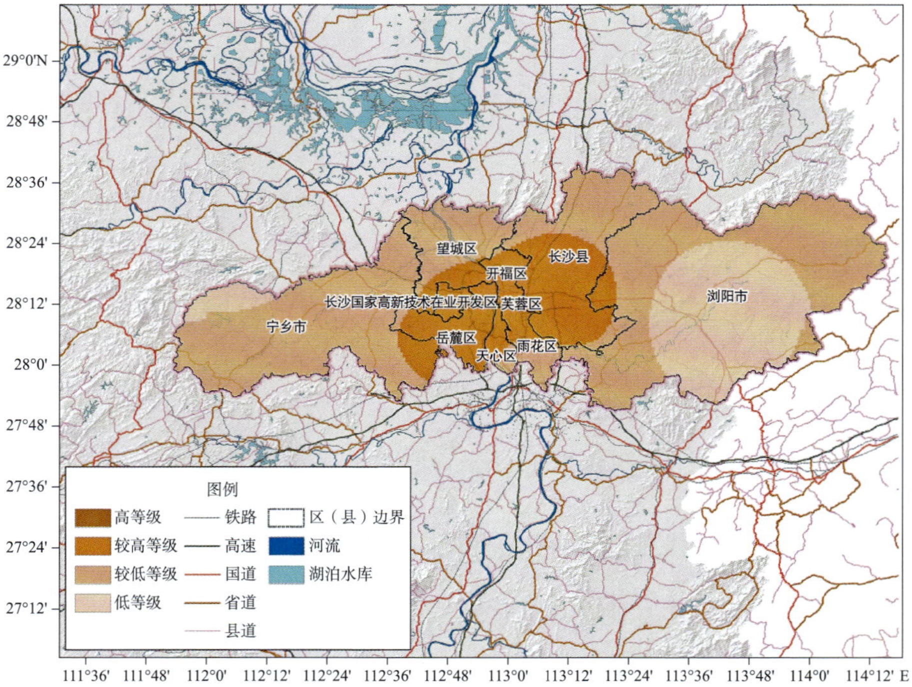

图 7.3　长沙市干旱灾害危险性评估图

7.3 干旱预警及灾害防御

7.3.1　气象干旱预警知识

根据业务规定，湖南省的气象干旱预警分三级，分别以黄色、橙色、红色表示，由湖南省气候中心制作发布。

干旱黄色预警

发布标准：20 个以上县（市、区）达到气象干旱重旱等级；或全省农作物受灾面积在 5% 以上，预计干旱天气或农作物干旱范围持续发展。

干旱橙色预警

发布标准：30 个以上县（市、区）达到气象干旱重旱等级，且有 10 个县级以上城市达到气象干旱特旱等级；或全省农作物受灾面积在 10% 以上，预计干旱天气或农作物干旱范围持续发展。

干旱红色预警

发布标准：30 个以上县级城市达到气象干旱特旱等级；或全省农作物受灾面积在 20% 以上，预计干旱天气或农作物干旱范围持续发展。

7.3.2　干旱灾害防御建议

针对干旱成因，可以采取以下措施有效防御干旱或减轻旱灾的损失。

①优化农业生产布局，改进生产技术，选育和种植耐旱品种，深耕覆盖。

②兴修水利，合理灌溉。

③退耕还林，涵养水源，大规模绿化造林，减少水土流失。

④掌握气候规律，抓住有利时机，蓄水防旱，在多旱区推行旱作农业。

⑤发展节水农业，采用塑料大棚与地膜覆盖、滴灌技术，显著提高水分的生产效率。

⑥适时开展人工增雨作业，以增加水库蓄水和缓解旱情。

第 8 章

气象次生、衍生灾害

气象次生、衍生灾害是指因气象因素引起的其他灾害。比如内涝灾害、山洪灾害、地质灾害、风暴潮、森林草原火灾、空气污染等灾种。气象次生灾害的种类多，涉及工农业生产和日常生活的多个领域；影响范围广，一年四季都可能出现气象次生灾害；危害性大，可能造成重大经济损失和人员伤亡；突发性强，有的次生灾害，例如，泥石流几分钟之内就会发生。由于气象次生灾害连锁反应显著，有时造成的人员伤亡和财产损失可能比气象原生灾害还要大。湖南省常见的气象次生、衍生灾害主要是崩塌、滑坡、泥石流等地质灾害及山洪灾害、城市内涝、森林火灾。

8.1 地质灾害

8.1.1　认识地质灾害

（1）什么是地质灾害?

地质灾害是指在自然或者人为因素的作用下形成的，对人类生命财产、环境造成破坏和损失的地质作用（现象），是以地质动力活动或地质环境异常变化为主要成因的自然灾害。

（2）地质灾害的主要类型

常见的地质灾害主要指危害人民生命和财产安全的崩塌、滑坡、泥石流、地面塌陷、地裂缝、地面沉降 6 种与地质作用有关的地质灾害。通常认为是突发性的。

滑坡：是指山坡在河流冲刷坡脚、降水、地震或人工切坡等因素影响下，土层或岩层整体或分散地顺斜坡整体向下滑动的现象。

崩塌：是指较陡斜坡上的岩、土体（岩体）被直立裂缝切割，失去稳定，在重力作用下突然脱离母体向下倾倒、崩落、滚动，堆积在坡脚（或沟谷）的地质灾害。

泥石流：是山区沟谷中，由暴雨、冰雪融水或江湖、水库溃决等水源激发的含有大量泥沙、石块等固体物质条件的特殊洪流。

（3）地质灾害的分级标准

按危害程度和规模大小，地质灾害险情分为特大型、大型、中型、小型地质灾害险情 4 种（表 8.1）。

表 8.1　地质灾害险情等级表

地质灾害险情级别	受灾害威胁搬迁转移人数	潜在可能造成的经济损失	死亡人数	直接经济损失
特大型	1000 人以上	1 亿元以上	30 人以上	1000 万元以上
大型	500 人以上、1000 人以下	5000 万元以上、1 亿元以下	10 人以上、30 人以下	500 万元以上、1000 万元以下
中型	100 人以上、500 人以下	500 万元以上、5000 万元以下	3 人以上、10 人以下	100 万元以上、500 万元以下
小型	100 人以下	500 万元以下	3 人以下	100 万元以下

（注：以上条件满足一项即可。）

（4）地质灾害的危害

地质灾害的危害性是多方面的，威胁人类生命财产安全和社会经济发展。地质灾害会威胁城镇村庄、交通、水利水电事业、工矿企业、旅游、农田和人类生命财产安全。

8.1.2　气象与地质灾害的关系

常见的崩塌、滑坡、泥石流等地质灾害通常和降雨紧密相连，像暴雨以及长时间的连续降雨都容易引发突发性的地质灾害，比如泥石流，时间短，大多数伴随山洪发生；山体滑坡发生的时间有可能稍晚于诱发因素；地面塌陷是长时间的雨水侵蚀导致地表突然塌陷形成坑洞的现象。

8.1.3　地质灾害气象风险预警

（1）地质灾害气象风险预警的定义

地质灾害气象风险预警是自然资源和气象部门依据当前环境发布的灾害预警，目的是提醒被预警区域的干部和群众防范因降雨诱发的滑坡、崩塌和泥石流等地质灾害。

（2）地质灾害气象风险预警的等级划分

根据地质灾害气象风险度的高低，地质灾害气象风险预警由低到高分为：有一定风险（Ⅳ级）、风险较高（Ⅲ级）、风险高（Ⅱ级）、风险很高（Ⅰ级）4 个等级，并分别用蓝、黄、橙、红 4 种颜色表示。

(3)湖南省地质灾害气象风险预警制作发布

地质灾害气象风险预警：由湖南省自然资源厅和湖南省气象局联合制作发布，预警分为4个等级，由弱到强分别以蓝色、黄色、橙色和红色表示。Ⅳ级，可能发生(蓝色预警)；Ⅲ级，可能性较大(黄色预警)；Ⅱ级，可能性大(橙色预警)；Ⅰ级，可能性很大(红色预警)。

当达到黄色及以上预警级别时，两部门将对外发布联合地质灾害气象风险预警。预警一方面通过国家突发事件预警信息发布公益服务专用短信号码"12379"发送给各级地质灾害防治相关责任人，另一方面会通过湖南卫视等天气预报节目、湖南气象网，湖南天气微信、微博等气象自媒体以图文结合的方式面向社会公众发布(图 8.1)。

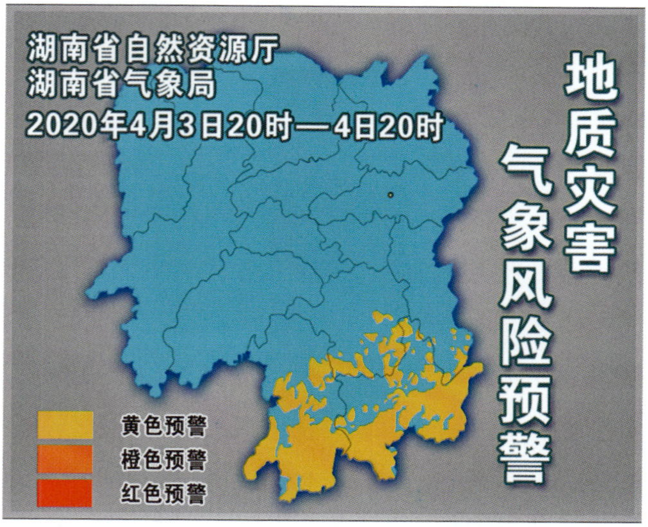

图 8.1　地质灾害气象风险预警示意图

地质灾害气象风险短临预警：由各县级自然资源和气象部门联合发布，预警分为橙色和红色两个级别，发布标准分别对应气象部门发布的山地丘陵区乡镇暴雨橙色警报和红色警报(表 8.2)。

表 8.2　湖南省乡镇暴雨临灾警报(山地丘陵区)的发布标准表　(单位：毫米)

级别	过去 1 小时降水量	过去 3 小时降水量	过去 6 小时降水量	过去 12 小时降水量	未来 1 小时降水量
橙色	40～60	60～100	100～150	150～200	40～60
红色	≥60	≥100	≥150	≥200	≥60

当达到乡镇暴雨临灾警报的发布标准时，各县级自然资源和气象部门会同步形成以乡镇为单元的地质灾害风险短临预警短信息产品，并通过湖南省气象灾害预警服务一体化平台“12379”发送通道，向预警区域内的临坡切坡住户、在册隐患点住户等受威胁的群众以及各级地质灾害防治相关责任人发送手机短信提醒。

8.1.4　地质灾害防治知识

（1）地质灾害发生的前兆

①**崩塌**。崩塌的前缘不断发生掉块、坠落、小崩小塌的现象；陡坡坡肩出现新的破裂形迹；不时偶然听到岩石的撕裂摩擦声；出现热、气、地下水异常；动物出现异常。

②**滑坡**。滑坡前缘出现横向及纵向裂缝，前缘土体出现隆起现象；滑体后缘裂缝急剧加宽加长，新裂缝不断产生，滑坡体后部快速下座，四周岩土体出现松动和小型塌滑现象；滑带岩土体因摩擦错动出现声响，并从裂缝中冒出气或水；在滑坡前缘坡角处，有堵塞的泉水复活或泉水、井水突然干枯；动物出现惊恐异常现象；滑坡体上的观测点明显位移；滑坡前缘出现鼓丘；房屋倾斜、开裂和出现“醉汉林”“马刀树”等。

③**泥石流**。沟内有轰鸣声，主河流水上涨和正常流水突然中断。动植物异常，如猪、狗、牛、羊、鸡惊恐不安，不入睡，老鼠乱窜，植物形态发生变化，出现树林枯萎或歪斜等现象。

如发现上述的一些征兆，尤其是发现山体出现裂缝，则可能存在发生崩塌、滑坡的隐患，长期降雨或暴雨则可能诱发泥石流。

（2）地质灾害应对措施

地质灾害虽然可怕，但只要做好临灾准备、了解应急措施、减少诱灾因素三个方面的工作，就可以尽量减少甚至避免地质灾害造成的威胁。

（3）做好临灾准备，保障生命安全

提前做到三个熟知：

①熟知周围滑坡、崩塌、泥石流情况。

②熟知临时避险点和撤离路线。

③熟知撤离信号。

三个时段提高警惕：

①连续降雨或大暴雨极易引发滑坡、崩塌、泥石流。

②冬去春来，冰雪融化容易引起滑坡、崩塌、泥石流。

③大地震导致岩土松动，之后几年比以往更容易发生滑坡、崩塌、泥石流。

做好两项准备：

①在避灾点备好应急食物、水及衣物。

②保持通信工作畅通。

牢记一个要领：

躲避滑坡、崩塌、泥石流灾害，要向两侧逃跑。

（4）滑坡如何应对?

发现滑坡来袭时，当您处于滑坡体上部，感到地面有变动时，要用最快的速度向山坡两侧稳定地区逃离；当您处于滑坡体中部无法逃离时，找一块坡度较缓的开阔地停留，但一定不要与房屋、围墙、电线杆靠太近；当您处于滑坡体前缘时，只能迅速向两边逃生，别无选择。

（5）崩塌如何应对?

发现崩塌来袭时，如果位于崩塌的底部，应该迅速向崩塌两侧逃生；如果位于崩塌体的顶部，应迅速向崩塌体的后方或两侧逃生。

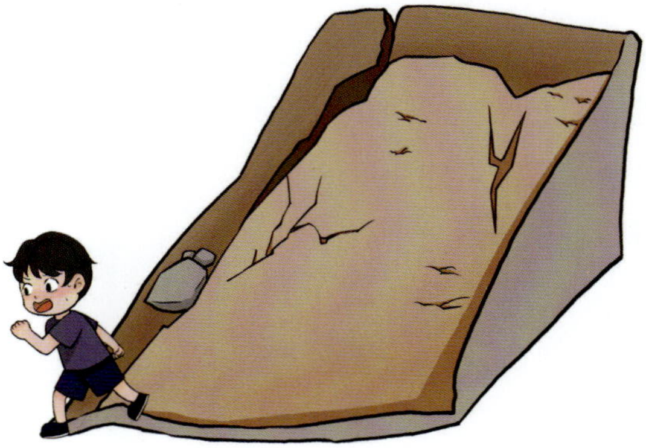

（6）泥石流如何应对?

发现泥石流来袭时，千万不要顺沟方向往上游或下游跑，应向与山洪泥石流方向垂直的两边山坡上面爬，且不要停留在凹坡处。

（7）了解应急措施，创建平安家庭

做好一个确保：

确保自身生命安全，切勿贪恋财物，及时按照预定路线撤离到安全地带。

开展一项工作：

在保障安全的前提下，有组织地救援受伤和被围困的群众。

采取两项行动：

①立即向有关部门报告灾情，说清灾害发生时间、地点、伤亡和失踪人数。

②立即设置警示标志，阻止人员进入危险区。

实施三项简易措施：

①掩埋滑坡裂缝，防止雨水灌入。

②坡脚赌坊土石，增大抗滑力。

③削减坡顶重量，减小下滑力。

（8）减少诱灾因素，共享和谐社会

谨记两个原则：

①少开挖、少扰动自然边坡。

②开挖边坡必须做好合理支护。

落实两个前提：

①建设前开展场地危险性评估。

②建设时房屋后留出安全缓冲区。

做好两项管理：

①管理好行洪通道，禁止占用。

②管理好滑坡体上的排水管道，保证排水沟渠畅通。

杜绝两处堆放：

①杜绝在冲沟内排放垃圾。

②杜绝坡顶堆砌土石。

8.2 山洪灾害

8.2.1 认识山洪灾害

（1）什么是山洪灾害？

山洪是一种水文灾害，指由于暴雨、冰雪融化或拦洪设施溃决等原因，在

山区（包括山地、丘陵、岗地）沿河流溪沟形成的暴涨暴落的洪水及伴随发生的滑坡、崩塌、泥石流灾害的总称。

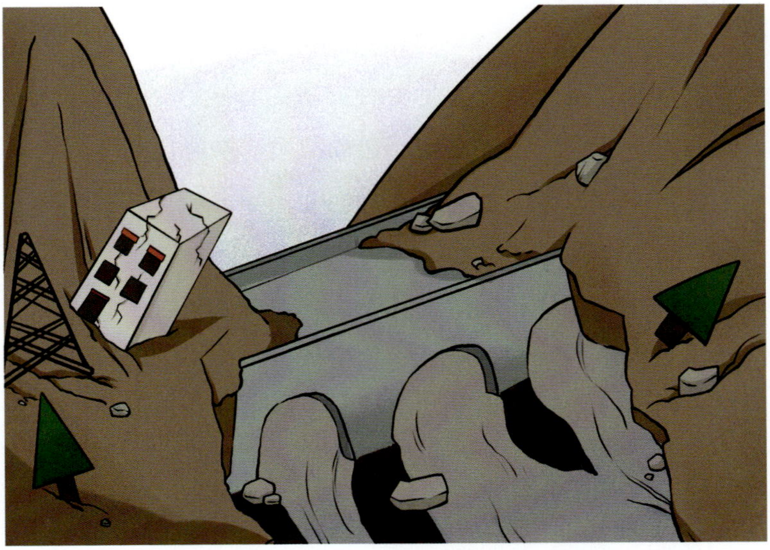

（2）山洪的分类

按其成因，山洪可分为暴雨型山洪、融雪型山洪、冰川融化型山洪、拦洪设施溃水型山洪。暴雨引起的山洪最为常见。

（3）山洪灾害的特点

①季节性强，频率高。山洪灾害主要集中在汛期，特别是主汛期。湖南省主要发生在 7—9 月。

②区域性明显，易发性强。位于暴雨中心区的山丘区，暴雨时极易形成具有冲击力的地表径流，导致山洪暴发，形成山洪灾害。

③来势迅猛，成灾快。山丘区因山高坡陡，溪河密集，降雨迅速转化为径流，且汇流快、流速大，降雨几个小时即成灾受损，防不胜防。

④破坏性强，危害严重。山洪灾害发生时往往伴随滑坡、崩塌、泥石流等地质灾害，常造成河流改道、公路中断、耕地冲淹、房倒人亡的悲剧发生。

（4）山洪灾害发生的主要因素

①**地质地貌因素**。山洪灾害易发区的地形往往是山高、陡坡、谷深、切割

深度大，侵蚀沟谷发育，其他地质大部分是渗透强度不大的土壤，如紫色砂页岩、泥质岩、红砂岩、板页岩发育而成的抗蚀性较弱的土壤，遇水易软化、易崩解，有利于强降雨后地表径流迅速汇集，一遇到较强的地表径流冲击时，就形成山洪灾害。

②**气象水文因素**。据统计，发生山洪灾害主要是由于受灾地区前期降雨持续偏多，使土壤水分饱和，地表松动，遇局地短时强降雨后，降雨迅速汇聚成地表径流引发溪沟水位暴涨、泥石流、崩塌、山体滑坡。从整体发生、发展的物理过程可知，发生山洪灾害主要还是持续降雨和短时强降雨而引发的。

③**人类活动因素**。山丘地区过度开发土地，或陡坡开荒，或工程建设对山体造成破坏，改变地形、地貌，破坏天然植被，乱砍滥伐森林，失去水源涵养作用，均易发生山洪。由于人类活动造成河道的不断侵占，河道严重淤塞，河道的泄洪能力降低，也是山洪灾害形成的重要因素之一。

8.2.2 山洪灾害气象风险预警

山洪灾害气象风险预警是水利和气象部门依据当前环境联合发布的灾害预警，目的是提醒被预警区域的干部和群众防范因降雨诱发的山洪灾害。

（1）山洪灾害气象风险预警的等级划分

山洪灾害气象风险预警由低到高分为：可能发生（Ⅳ级）、可能性较大（Ⅲ级）、可能性大（Ⅱ级）、可能性很大（Ⅰ级）4 个等级，并分别用蓝、黄、橙、红 4 种颜色表示。各等级划分和预警判别指标见表 8.3。

表 8.3 山洪灾害气象风险预警级别、含义和判别指标划分表

预警级别	预警颜色	级别含义	判别指标
Ⅰ级	红色	可能性很大	淹没预警点 1.8 米
Ⅱ级	橙色	可能性大	淹没预警点 1.2 米
Ⅲ级	黄色	可能性较大	淹没预警点 0.6 米
Ⅳ级	蓝色	可能发生	山洪浸坝（沟），有一定风险出现

（2）湖南省山洪灾害风险预警制作发布

湖南省山洪灾害风险预警由湖南省水利厅、省气象局联合制作发布。

当达到黄色及以上预警级别时，两部门将对外联合发布山洪灾害风险预警。预警通过国家突发事件预警信息发布公益服务专用短信号码“12379”发送给各级山洪灾害防治相关责任人。

当达到橙色及以上预警级别时，山洪灾害风险预警会通过湖南卫视等天气预报节目、以图文结合的方式面向社会公众发布。

依据临近降雨预报，水利部门还发布山洪灾害短临预警，预见期一般为 0～3 小时，用于指导基层组织人员转移避险。

8.2.3　山洪灾害防御知识

（1）山洪来临前的征兆

山洪是山区溪沟中发生的暴涨洪水，具有突发性、水量集中且流速大、冲刷破坏力强等特点。山沟附近、溪河两边位置较低处、河道拐弯等地比较容易遭受山洪威胁。山洪来临前有哪些征兆？

一要“看”

①溪流水位极速上升，可能由于上游大量降水引发山洪。

②溪流水位骤降，可能是上游暴雨致山体崩塌阻塞河道，导致断流。

③原本清澈的溪流突然变浑浊，可能是上游暴雨将泥沙、石块带入水中，形成山洪泥石流。

④注意观察是否有井水浑浊、地面突然冒浑水的现象。

⑤是否有动植物出现异常反应等。

二要“听”

①出现异常的山鸣声，类似火车轰隆隆的声音或闷雷声，预兆可能发生山洪泥石流。

②有树木断裂的声音。

（2）如何预防山洪灾害?

①在泥石流多发季节（如夏季）内，尽量不要到泥石流多发山区旅游。

②暴雨过后不要前往或者靠近河道、水库、桥梁及山区。

③收到警报快撤离，迅速转移到高地。

（3）山洪来临的自救措施

①当突然遭遇山洪袭击时，要沉着冷静，千万不要慌张，并以最快的速度撤离。脱离现场时，应该选择就近安全的路线沿山坡横向跑开，千万不要顺山坡往下或沿山谷出口往下游跑。

②山洪流速急，涨得快，千万不要游泳逃生，不要攀爬带电的电线杆、铁塔，也不要爬到土坯房的屋顶。山洪暴发时还要注意防止山体滑坡、滚石、泥石流的伤害。

③突遭洪水围困于基础较牢固的高岗、台地或坚固的住宅楼房时，在山丘环境下，无论是孤身一人还是多人，只要有序固守等待救援或等待陡涨陡落的山洪消退后即可解围。

④如措手不及，被洪水围困于低洼处的溪岸、土坎或木结构的住房里，情况危急时，有通信条件的，可利用通信工具向当地政府和防汛部门报告洪水态势和受困情况，寻求救援；无通信条件的，可制造烟火或来回挥动颜色鲜艳的衣物或集体同声呼救。同时要尽可能利用船只、木排、门板、木床等漂流物，做水上转移。

⑤如已卷入洪水中，一定要尽可能抓住固定的或能漂浮的东西，寻求机会逃生。

8.3 城市内涝

8.3.1 认识城市内涝

（1）城市内涝的定义

城市内涝是指由于强降水或连续性降水超过城市排水能力致使城市内产生积水灾害的现象。

（2）城市内涝和洪涝的区别

城市内涝是指由于强降水或者连续性降水超过城市或者一些地区排水能力致使城市或该地区内产生积水灾害现象。

洪涝是指因大雨、暴雨或持续降雨使低洼地区淹没、渍水的现象。洪涝灾害可分为洪水、涝害、湿害。

（3）城市内涝的成因

短时间内强降雨或者连续性降雨超过城市的排水能力，就会造成地表积水。当积水过深、范围过大，影响城市交通、居民生活和生产活动时，就形成城市内涝。

（4）城市内涝的危害

①对交通安全造成极大影响，造成交通拥堵、瘫痪、交通事故发生。

②损坏城市建筑和设施，部分行业停工停产，造成严重的经济损失。

③对城市卫生造成很大影响，会导致合流制溢流污染，积水变污水。

④城市内涝后，大量垃圾、废物冲入水中，对周边生态系统产生破坏。

⑤严重影响下游城市的行洪，给下游城市带来严重的排水压力。

城市内涝灾害发生时，受影响最大的城市交通状况是：

①当积水深度达到 20 厘米时，行人步行困难。

②积水超过 30 厘米时，自行车、小汽车难以行驶。

③积水超过 80 厘米时，交通完全瘫痪。

8.3.2　长沙市内涝灾害风险普查

8.3.2.1　内涝事件统计

据不完全统计，近 10 年（2012—2021 年），长沙市内 5 区（芙蓉区、天心区、岳麓区、开福区和雨花区）以及高新区共发生城市内涝 47 起，受内涝影响的街道达 109 条（表 8.4）。

表 8.4　2012—2021 年长沙市内 5 区及高新区城市内涝事件统计表

行政区名称	发生内涝次数 / 次	发生内涝街道数量 / 起	发生内涝街道名称
岳麓区	22	30	金星路、潇湘大道、杜鹃路、银杉路、西二环、观沙岭、银盆路、牌楼路、岳麓大道、芙蓉路、桐梓坡路、咸嘉湖街道、学士路、含浦街道、望月湖路、枫林三路、银北路、橘子洲景区、岳麓街道、南二环、梅溪湖、联丰路、麓山路、新民路、坪塘大道、后湖路、洋湖街道、西湖街道、丰顺路、桃子湖路段
雨花区	26	23	长沙大道、韶山路街道、万家丽路、南二环、环保路、花侯路街道、树木岭、湘府路街道、新建路、香樟路、人民路街道、中意路街道、东二环、井湾子街道、西二环、车站路、时代阳光大道、桂花路、侯家塘街道、东塘街道、银盆景德岗寨街道、洞井街道、井湾子街道
天心区	21	23	南湖路街道、雀园路街道、书院路街道、中意路、黑石铺街道、芙蓉路、浦沅桥路段、新开铺街道、劳动路、湘府路街道、芙蓉南路、一桥、南门口、桂花坪街道、二环线、万家丽路、西湖路、湘江路、南托街道、城南路街道、新建西路、赤岭路街道、金盆岭街道

续表

行政区名称	发生内涝次数 / 次	发生内涝街道数量 / 起	发生内涝街道名称
开福区	13	14	芙蓉路、湘春路、湘江大道、三一大道、毛家桥、万家丽路、中山路、洪山街道、西长街、东风路、福元路、开福大道、油铺街、四方坪
芙蓉区	17	16	亚大路、人民路、晚报大道、五一大道、韶山路、八一路、湘江大道、车站北路、朝阳路、橘子洲大桥、远大路、万家丽路、曙光路、马坡岭街道、马王堆街道、营盘路
高新区	3	3	岳麓大道、东方红路、白马街道

8.3.2.2　典型内涝灾害事件

2013 年 5 月 7 日晚，暴雨致长沙市万家丽路成“运河”，毛家桥水果市场积水严重，在长沙学院附近、万家丽路恒大雅苑附近等地均有井盖被水冲开，更有车辆轮胎卡在井盖被冲开的地方。

2014 年 7 月 15 日上午，暴雨致开福区西长街街道变河道，积水漫过了膝盖，最深处足有 1 米多深，进出西长街的市民只能淌水而行。

2015 年 4 月 6 日晚，受暴雨影响，长沙市亚大路、盼盼路到雄天路口，由于积水严重，进行了双向的交通管制；芙蓉北路、陈家湖路段双向都发生事故，导致双向堵车严重。

2020 年 6 月 9 日，降雨导致长沙城的树木岭路口、香樟路洞井路口东往西、中意路万芙路、韶山红星大市场门口、湘府路雀园路口、湘江大道猴子石路、湘江大道黑石铺北口、新开铺水泵厂等地均有积水；其中雨花区部分路段积水严重，多条道路被淹，公交车进水，小车司机汽车游泳自救，开启“看海模式”。

2021 年 8 月 17 日，长沙市突降暴雨，雨花区东塘街道七里庙站最大小时雨强达 66.3 毫米 / 小时，新建路二十一中路段、环保路圭白路口、车站路桂花路口、桂花路京广铁路出现严重内涝。

8.3.2.3　内涝事件时间分布

2012—2021 年，长沙市内涝事件集中发生在 3—5 月和 6—8 月（图 8.12）。

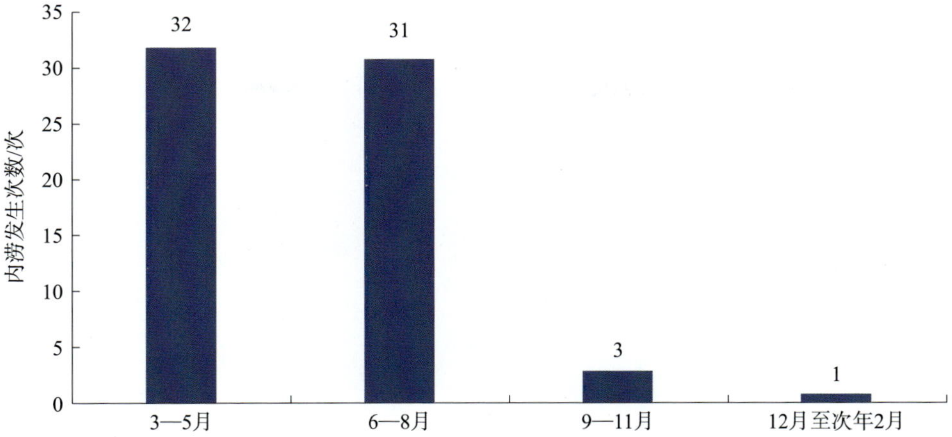

图 8.2　2012—2021 年长沙市内涝事件月分布图

8.3.2.4　内涝灾害危险性评估

（1）内涝风险等级

根据 2012—2021 年间长沙市所有内涝事件的分析统计和城市内涝模型在不同重现期的模拟结果，对城市内涝的积水深度进行了风险等级划分（表 8.5）。

表 8.5　基于积水深度的城市内涝风险等级指标统计表

内涝风险等级	1 级	2 级	3 级	4 级
内涝风险属性	低风险	中风险	较高风险	高风险
积水深度 / 米	0.10～0.25	0.25～0.50	0.5～1.0	>1.0
1 小时雨量 / 毫米	0～30	30～50	50～70	>70

（2）内涝灾害危险性评估

采用内涝过程中单站降水量强度指数、内涝过程发生时内涝的持续时间以及站点位置的高程定义内涝灾害危险性指数，统计分析得到基于降水、地形和内涝频次的长沙市内 5 区及高新区的内涝风险区划图（图 8.3）。由图可知，高风险和较高风险的区域主要集中在岳麓区的东部、开福区的南部、天心区的中西部、芙蓉区以及雨花区的北部；芙蓉区、开福区、天心区、雨花区和岳麓区的许多地区基本都处于中风险以上；高新区北部、岳麓区西部和雨花区南部因为地势较高，所以风险等级较低。

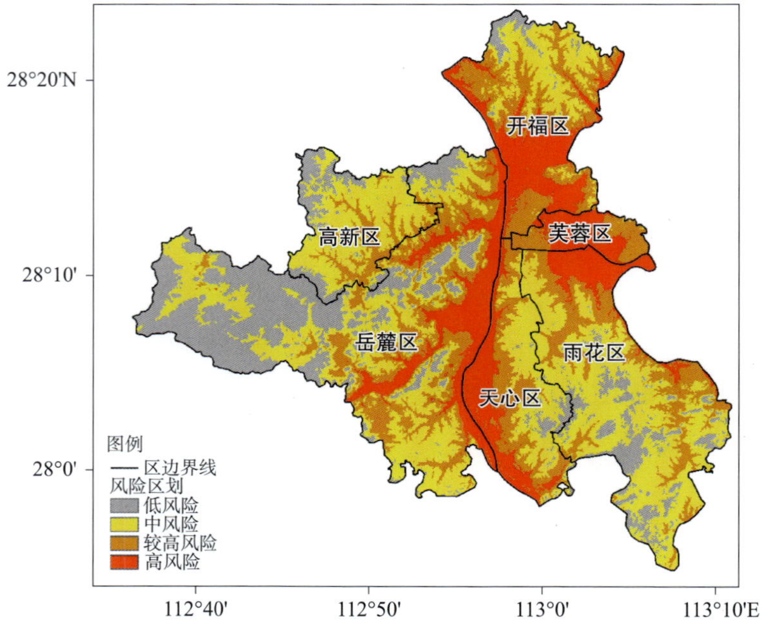

图 8.3　长沙市内 5 区及高新区的内涝风险区划图

8.3.3　内涝预警及灾害防御

（1）内涝预警

城市内涝预警是指为了避免或减少城市内涝灾害的发生，由气象、水利等相关部门根据气象资料和水文资料，结合城市情况，向相关部门提出预警信息，指导市民采取预防措施而发布的一种预警信息。当前，湖南省尚未开展城市内涝预警业务，但气象部门根据降水情况发布城市暴雨临灾警报。

（2）内涝风险点

城区低洼地带、下凹式立交桥、涵洞、地下轨道交通、地下商场与车库等地下空间、危旧房与地下室以及在建工地等。

（3）内涝灾害防治措施

①提高排水设施规划标准。提高排水设施规划标准、优化城市管网结构、及时清理排水管网内淤泥等措施是防治城市内涝灾害风险的主要措施。

②加强水土保持科普和宣传。加大《中华人民共和国水土保持法》的宣

传，提高全民的水土保持法律意识，营造水土保持工作氛围。加强部门配合，规范建设项目水土保持行为，提高水土保持技术水平。

③提高民众保险意识。加强城市内涝灾害原因及减灾方法宣传，增强群众防灾减灾意识，提高自身防灾减灾能力；参与城市内涝灾害损失的保险，将灾害风险转移。

（4）城市内涝自救知识

接收到由气象部门发布的城市或乡镇暴雨临灾警报时，尽量不出门，必须外出时建议乘坐公共交通，低洼地带的居民需及时做好转移准备。

步行时注意

①注意路况信息，避开积水和交通不畅路段。

②注意路边防汛安全警示标志，尽量贴近建筑物，不要靠近有旋涡的地方，切忌冒险涉水。

③尽量避开灯杆、电线杆、变压器、电力线、铁栏杆及附近的树木等有可能连电的物体，发现有电线落入水中，必须绕行并报告相关部门。

④遇到暴雨时，最好找遮蔽处避雨，并及时撤离到楼内，尽量往高楼层上避险，不要待在涵洞、立交桥低洼处、地下通道等地势低洼地方。

驾车时注意

①最好把汽车开到比较安全的地方停下，尽量选择停在地势较高的地方，不要在车里避雨。

②开车通过有积水的道路时，如果不熟悉路况，应密切关注防汛警示标志，切忌冒险涉水，切勿驶入立交桥的底层或下沉式隧道中。

③涉水时要打开大灯和双闪灯，在进入漫水区前，要注意与前车保持较大车距，车辆最好沿着前车走过的路线行驶。

④车辆受困及时拨打救援电话，如果车在深水中熄火，不要再启动以防止发动机进水，当汽车外积水进一步加深时，要及时逃生。

过立交桥时注意

①在立交桥发生积涝情况时，应及时寻找绕行的路线，切勿在大雨天盲目穿行地势较低且有积水的立交桥。

②已进入立交桥的汽车，可按交通提示，应做到：一是分道行驶，择路而行；二是舍主求辅，走地势较高的地方需慢速行驶。

③行人和骑自行车的人在立交桥处应远离深水，远离车辆，选择地势较高处安全慢行。

居民住宅注意

①住在城市低洼的居民住宅，在收到暴雨预警后，需要提前因地制宜采取围挡措施，最好在门槛外侧放上沙袋，防止积水浸入屋内。

②如果预料洪水还会上涨，底层窗槛外也要堆上沙袋。一旦室外积水漫入室内，需及时切断屋内电源与气源，把容易浸泡损坏的物品放至高处，采取各种措施排水。

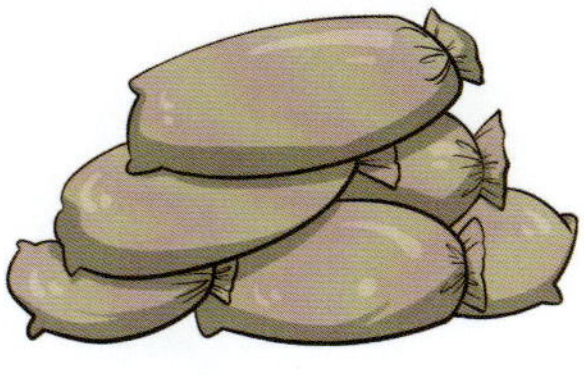

低洼地区和危旧房注意

①身处危旧平房的居民，下雨不要在屋内停留，要迅速撤离，寻找安全坚

固处所，避免落入水中。听从组织部门的安排，要求撤离时立即撤离。

②避险场所最好选择就近的高地、楼顶，如果来不及转移，也不必惊慌，可向高处转移，等候救援人员营救。

家里常备内涝防范用品

哨子：求救工具。

手电：帮助夜晚安全撤离，重要的求救信号。

救生衣和救生圈：防止溺水的保护工具。

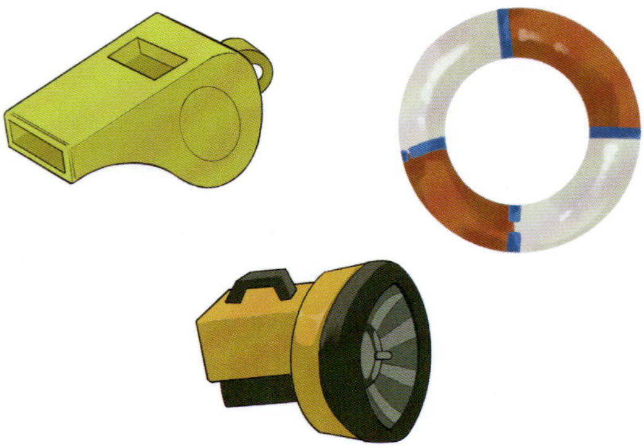

车里常备内涝防范用品

哨子、手电、救生衣和救生圈、应急锤和五金工具箱。车辆溺水时打开车门逃生。

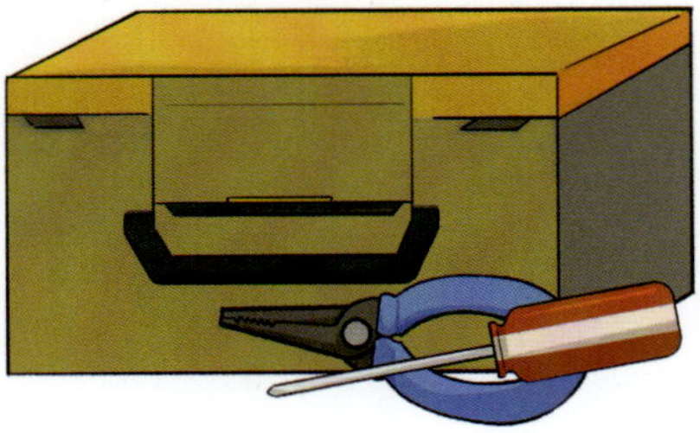